Manfred Rogner

1x1 der Terraristik

Amphibien und Reptilien
richtig halten und pflegen

KOSMOS

Inhalt

Lebensraum Terrarium

Lebensraum Terrarium

Artgerechte Haltung

Die Pflege von Terrarientieren ist ein faszinierendes Hobby, das immer beliebter wird. Von Fröschen, Kröten und Salamandern über Agamen, Chamäleons und Echsen reicht das Spektrum bis hin zu Schildkröten und Schlangen. Alle brauchen eine artgerechte Unterbringung, das richtige Klima im Terrarium, das bevorzugte Futter. Und so gibt es nicht das eine Terrarium, sondern viele verschiedene. Jede Tierart bietet faszinierende Beobachtungsmöglichkeiten bei Zusammenleben, Futteraufnahme und Fortpflanzung.
Eine artgerechte Haltung ist aber nur möglich, wenn der Halter sich mit den für die Pfleglinge charakteristischen Merkmalen und ihrer speziellen Lebensweise vertraut gemacht hat. Das vorliegende Buch soll die notwendigen Grundkenntnisse vermitteln, die zur artgerechten Einrichtung von Terrarien sowie der Pflege und Vermehrung einiger häufig erhältlichen Amphibien und Reptilien notwendig sind.

> **Info** | Klima
>
> Amphibien und Reptilien dürfen in Terrarien nicht immer unter den gleichen klimatischen Bedingungen gehalten werden, sondern brauchen ihren natürlichen Tages- und Jahresrhythmus.

„Kunstlebensraum" Terrarium

Das Zimmerterrarium

Ein Terrarium besteht meist aus zusammengeklebten Glasscheiben und ist von allen Seiten verschlossen. Nur im Frontbereich ist es gewöhnlich durch Schiebescheiben zugänglich. Unter den Schiebescheiben befindet sich ein mit Gaze bedecktes Belüftungsfeld und ein weiteres muss in der Abdeckung sein. Durch Letzteres verlässt verbrauchte wärmere Luft oben das Terrarium. Gleichzeitig wird durch das untere Belüftungsfeld frische Luft nachgesaugt. Bei Arten mit großem Frischluftbedürfnis ist es oft erforderlich, dass mindestens eine ganze Terrarienseite mit Gaze versehen ist. Im übrigen kann man sich auch relativ einfach ein Terrarium aus zurechtgesägten, weiß beschichteten Spanplatten (Baumarkt)

selber bauen, wobei man ebenfalls auf die Lüftungsfelder achten muss.
Es versteht sich von selbst, dass Terrarien nicht in Räumen stehen dürfen, in denen stark geraucht wird oder die Luft durch andere Einflüsse belastet ist.

Terrarium mit Schiebescheiben und Lüftungsfeldern oben und unten

Die Terrariengröße

Vor allem Anfänger stellen sich oft die Frage, wie groß ein Terrarium für die in die nähere Wahl gefassten Arten denn nun sein muss. Hierzu gibt es bereits seit dem 10. Januar 1997 ein Gutachten „Mindestanforderungen an die Haltung von Reptilien". Später erschienen auch Gutachten zur Haltung von Schwanzlurchen und Froschlurchen.
Bei den in diesem Buch vorgestellten Arten werden diese „Mindestanforderungen" berücksichtigt bzw. überschritten. Denn die erwähnten Mindestgrößen erwiesen sich häufig als zu gering. Und großzügiger bemessene Terrarien erlauben dem Pfleger auch bessere Einrichtungs- und Beobachtungsmöglichkeiten!

Aquaterrarium mit Landteil (links) und Steg

Die Einrichtung

Bei der Gestaltung des Terrariums richtet man sich nach dem Kleinstlebensraum der Pfleglinge in der Natur. Die Materialien und Gegenstände für die Einrichtung des Terrariums bekommt man im Zoo- bzw. Terrarienfachhandel; teils gibt es auch andere Möglichkeiten.

Oberes Bild: Biberschwanzagame auf natürlich wirkendem Bodengrund

Unteres Bild: Rindenmulch hält längere Zeit die Bodenfeuchtigkeit.

Der Bodengrund

Als Bodengrund für Terrarien, sowohl für Amphibien als auch Reptilien, eignet sich nur staubfreies Substrat, das zudem keine Verletzungsgefahr birgt. Außerdem muss es leicht zu reinigen bzw. auszutauschen sein. Besonders gute Erfahrungen hat man mit gewaschenem, rundkörnigem Flusssand gemacht, den man bei Bedarf auch mit Torf oder ungedüngter Blumenerde mischen kann. Dieses lockere Substrat ist für häufig grabende Froschlurche, aber auch Echsen, Schildkröten und Schlangen leichter zu bewegen. Wer jedoch attraktiveres Bodensubstrat möchte, sollte sich im Zoohandel mit Reptilienabteilung einmal die diversen Mischungen ansehen. Keinesfalls darf man Wald- oder Gartenerde nehmen. Darin leben gewöhnlich auch unerwünschte Mikroorganismen, unter anderem Schimmelpilze.

Praxis | Sand

Zu feiner Sand kann bei Amphibien mit feuchter Haut am Körper haften bleiben und zu Problemen mit der Hautatmung führen. Bei kleineren Echsen, Schildkröten und Schlangen kann zu feiner Sand zu Verstopfungen der Ohr- und Nasenöffnungen führen, scharfkantiger Sand zu Verletzungen.

Der Eiablageplatz

Hält man Eier legende Reptilien, muss in ihrem Terrarium zumindest ein geeigneter Eiablageplatz vorhanden sein. Dieser muss stets grabfähig, also immer leicht feucht sein. Außerdem sollte er mit Hilfe eines Wärmestrahlers Temperaturen von 27 – 30 °C aufweisen. Bei der Höhe des Substrates richtet man

Beheiztes Gewächshaus als großes Regenwaldterrarium

sich nach der Länge der vorhandenen Weibchen, da sie oft eine recht tiefe Nistgrube graben können. Solche Eiablageplätze sind unbedingt notwendig, da eine Legenot tödlich enden kann. Manche bodenbewohnenden Echsenweibchen graben sogar vor der Eiablage eine Höhle oder einen Gang in den Bodengrund, oft unter einem Stein o. ä. Anschließend legen sie an dessen Ende ihre Eier ab. Solchen Arten kann man durch eine „Eiablagebox" entgegenkommen. Dazu versenkt man in den Bodengrund entsprechende Behälter, die einen Eingang aufweisen, durch den ein trächtiges Weibchen problemlos hineingelangen kann. Diese Behälter können aus Holz oder auch Kunststoff sein und werden etwa zur Hälfte mit einem grabfähigen Substrat (siehe Bodengrund) gefüllt. Vor der Eiablage schlüpfen die Weibchen gerne dort

hinein, scharren das Substrat nach hinten, bis sie an das Ende der Eiablagebox gelangen, drehen sie sich um und legen ihre Eier. Anschließend scharren sie Substrat vor das Gelege.
Häufig dient diese Eiablagebox den Tieren auch als nächtliche Ruhe- und Versteckmöglichkeit. Und manche Kröte nutzt solche eingegrabenen Boxen auch gerne als Tagesversteck.

Natürlich wirkende Versteckmöglichkeit

Wurzeln werden gerne beklettert

Steinplatten. Außerdem sollte man auch kleinere Platten waagerecht in herausgeschnittene Fugen klemmen, die später den Tieren als Sitzwarten dienen können. Die noch verbleibenden Kanten und unschöne Schnittflächen lassen sich mit einem heißen Fön oder Heißluftgebläse abrunden. Anschließend kann man das Ganze dick mit einer Epoxidharzschicht bestreichen. Bestreut man das noch feuchte Kunstharz mit Sand, sieht die Rückwand später sehr natürlich aus.

Kletter- und Versteckmöglichkeiten

Zahlreiche Froschlurche, Echsen und Schlangen können ausgezeichnet klettern und halten sich häufig in den höheren Regionen von Büschen und Bäumen oder auf Felsen auf. Für diese Arten bieten sich nur hohe Terrarien an, die mit entsprechenden Klettermöglichkeiten ausgestattet sind. Regenwald- oder sonstige Waldbewohner bekommen am besten höhere Pflanzen als natürliche Klettermöglichkeit geboten. Für vorwiegend an Felsen lebende Arten eignen sich als Felsen modellierte Rück- und Seitenwände besonders gut. Es gibt im Zoohandel sehr natürlich aussehende, künstliche „Felswände" in verschiedenen Farben. Aber mit etwas Geschick kann man sich auch selbst sehr ansprechende Felswände modellieren. Hierzu besorgt man sich im Baumarkt dickere Styropor- oder sonstige Hartschaumplatten, schneidet sie auf die erforderliche Rückwandgröße zu und modelliert mit einem scharfen Messer Fugen und künstliche

Rindenstücke bieten auch dem Nackenstachler gute Klettermöglichkeiten

Tipp | Hartschaumplatten

Der Vorteil bei der Verwendung von Hartschaumplatten liegt auch darin, dass das Terrarium später nicht zu schwer wird.

Zum Schluss wird sie mit einigen Silikonkautschuk-Tupfen an der Terrarienrückwand fixiert.

Im übrigen kann man für Waldbewohner auch Korkrindenstücke oder Presskorkplatten an die Rückwand oder auch an eine Seitenwand kleben. Jedoch wird Presskork mit der Zeit brüchig.

Wassernapf oder Wasserteil?

Um ihren Flüssigkeitsbedarf decken zu können, benötigen selbst Tiere aus relativ trockenen Regionen im Terrarium einen Wassernapf. Dieser sollte möglichst aus Keramik oder ähnlichem sein, da ein schwerer Wassernapf nicht so schnell umgestoßen werden kann. Aus hygienischen Gründen sind Wassernäpfe täglich zu reinigen und mit Frischwasser aufzufüllen. Im Zoohandel sind ansprechende Wassernäpfe erhältlich, die sich auch optisch gut in die Einrichtung einfügen lassen.

Wenn es sich bei den Pfleglingen um Ufer- oder Gewässerbewohner handelt, muss sich im Terrarium sogar ein größerer Wasserteil befinden. Hierzu wird vor dem Einrichten ein Teil des Terrarienbodens mit einer schmalen Glasscheibe vom zukünftigen Landteil abgetrennt, mit Silikonkautschuk eingeklebt und vom späteren Landteil völlig abgedichtet. Vor allem bei sehr großen Terrarien bietet es sich an, den Wasserteil mit einem Ablassventil zu versehen. Dann kann man einfach das verschmutzte Wasser ablassen, das Becken reinigen und mit Frischwasser wieder auffüllen. Man kann aber auch eine Wasserwanne (z. B. eine Kunststoffwanne) in den Bodengrund einlassen. Aber ein Wasserwechsel ist dann sehr umständlich. Im Freiland bieten sich kleine Teiche an, die ausgeprägte Flachwasserbereiche aufweisen müssen, damit sie leicht aufgesucht und verlassen werden können.

Die Bepflanzung

Außer in trockenheißen Wüstenterrarien bietet es sich fast immer an, innerhalb des Terrariums auch einige attraktive Pflanzen zu kultivieren. Dies ist nicht nur aus dekorativen Gründen sinnvoll. Denn insbesondere für Busch- und Baumbewohner gehören Pflanzen zu ihrem natürlichen Lebensraum und sind deshalb unverzichtbar. Zwischen den Pflanzen finden Froschlurche, Echsen und Schlangen die für sie notwendigen Versteckmöglichkeiten. Zudem halten sich nach dem Sprühen auf den Blättern längere Zeit einige Wassertröpfchen, die von vielen Amphibien über die Haut aufgenommen und von Echsen sowie Schlangen zur Deckung des Flüssigkeitsbedarfes aufgeleckt werden können. Durch die Wassertröpfchen bleibt auch die relative Luftfeuchtigkeit deutlich länger erhöht, wie es zum Beispiel Regenwaldbewohner kennen.

Bei der Auswahl der Pflanzen sollte man sich über die erreichbare Größe der favorisierten Arten informieren. Besonders geeignet sind kleinblättrige Pflanzen, die als Bodendecker oder Kletterpflanzen eingesetzt werden. Einige besonders gut geeignete Pflanzen sind der Tabelle zu entnehmen. Aber natürlich eignen sich auch noch diverse andere Pflanzen für eine Terrarienkultivierung.

Links:
Bromelientrichter dienen z. B. als Wasserreservoir und „Gewässer" für diverse Pfeilgiftfrösche.

Rechts:
Dieffenbachie

Sansiverien für trockene Terrarien

Art/Sorte	Heimat	Höhe	Standort	Temperatur	Terrarientyp (S. 20 – 29)
Aloe, *Aloe spec.* (sehr viele Arten)	Afrika, Madagaskar	20 – 80 cm	sonnig	20 – 30 °C	5 und 6
Anthurie, Flamingoblume, *Anthurium spec.*	Südamerika	20 – 50 cm	Halbschatten	20 – 25 °C	4
Buntwurz, *Caladium spec.*, (sehr viele Arten)	Südamerika	25 – 40 cm	Halbschatten	20 – 23 °C	4
Columnea, *Columnea spec.*	Südamerika	bis 120 cm	hell bis halbschattig	20 – 26 °C	4
Calathea, Korbmarante, *Calanthea spec.* (viele Arten)	Südamerika	30 – 100 cm	schattig	20 – 25 °C	4
Cissus, Känguruwein, *Cissus spec.*	Ostasien, Afria, Südamerika	30 – 90 cm Durchmesser	Halbschatten	20 – 25 °C	4
Dieffenbachie, *Dieffenbachia spec.*	Brasilien	bis 100 cm	hell, aber nicht sonnig	20 – 28 °C	4
Dreimasterblume, *Tradescantia spec.* (viele Arten)	Mittel- und Südamerika	ca. 30 cm	indirektes Licht	22 – 27 °C	2
Efeutute, *Scindapsus auratus*	Mittelamerika	bis 2 m, leicht zu kürzen	hell bis halbschattig	20 – 27 °C	2, 3, 4
Kletter-Ficus, *Ficus pumila*	Mittel- und Südamerika	40 – 60 cm	indirektes Licht	20 – 25 °C	2, 3, 4
Kletterphilo, *Philodendron spec.* (sehr viele Arten)	Mittelamerika	bis 2 m, leicht zu kürzen	Halbschatten bis schattig, aber hell	21-24 °C	2, 3, 4
Neoregelie, *Neoregelia spec.*	Südamerika	ca. 30 cm	indirektes Licht	18 – 26 °C	4
Nestrosette, Nidularie, *Nidularium spec.*	Mittel- und Südamerika	30 – 40 cm	schattig	22 – 25 °C	4
Pellefarn, *Pellaea rotundifolia*	Südamerika	25 – 30 cm	indirektes Licht	21 – 24 °C	2, 4
Sansevierie, Bogenhanf, *Sansevieria spec.*	Afrika und Asien	je nach Art 15 – 120 cm	indirektes Licht	20 – 29 °C	4, 5, 6

Die Technik

Licht

Um Amphibien und Reptilien auch im Terrarium die erforderlichen klimatischen Bedingungen bieten zu können, muss man auf einige technische Hilfsmittel zurückgreifen. Denn für Tiere und Pflanzen ist Licht ein lebenswichtiger Faktor. Vor allem Pflanzen benötigen Licht für die Fotosynthese, bei der Sauerstoff abgegeben wird. Dabei ist die Abhängigkeit von der Lichtstärke und Farbtemperatur von Pflanze zu Pflanze recht unterschiedlich. Die Bodenbewohner des tropischen Regenwaldes sind wesentlich genügsamer als zum Beispiel Pflanzen und Tiere der Halbwüsten.

Die Farbtemperatur des Lichtes wird in Kelvin (°K) angegeben. Licht mit einer Farbwiedergabe zwischen 4500 und 6500 °K gilt als „Tageslicht".

Dicht bewachsene Rückwand

Beleuchtung

Für dämmerungs- oder nachtaktive Amphibien genügen einfache Lichtquellen, wie z. B. Leuchtstofflampen aus dem Baumarkt. Als Beleuchtung für lichthungrige Reptilien eignen sich ebenfalls Leuchtstofflampen, die es in verschiedenen Größen und Watt-Stärken gibt. Interessant sind für sie vor allem die relativ neuen T5-Röhren mit 16 mm Röhrendurchmesser. Es gibt sie in zwei Ausführungen: HE (High Efficiency) und HO (High Output). Erstere haben die gleiche Lichtleistung wie gewöhnliche T8-Röhren gleicher Länge, bieten jedoch eine niedrigere Wattstärke und damit einen geringeren Stromverbrauch. Man bekommt beide über den Elektrofachhandel, die zweite Leuchtstoffröhre inzwischen auch im Zoohandel.

> **Tipp** | HQI-Lampen
>
> Vor allem Halogen-Metalldampflampen (HQI-Lampen) sind zur Beleuchtung gut geeignet, da ihr Licht dem Sonnenlicht ähnelt.

UV-Licht

Viele Reptilienarten benötigen UV-Licht, damit sie in der Haut Vitamin D synthetisieren können; sonst kann es zu Mangelerscheinungen (z. B. Rachitis) kommen. Das ungefilterte Sonnenlicht ist eine der besten Lichtquellen überhaupt und liefert auch die natürliche

Man kann durch einfache Hilfsmittel, z. B. ARCADIA-Reflektoren oder andere spiegelnde Materialien, die Lichtausbeute bei Leuchtstofflampen erhöhen. Bereits einfache Reflektoren erfüllen diesen Zweck. So kann das sonst ungenutzt nach oben abgestrahlte Licht ebenfalls genutzt werden.

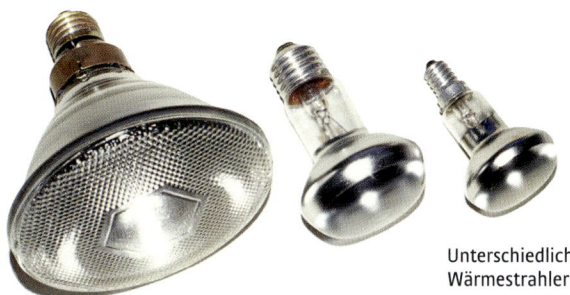

Unterschiedliche Wärmestrahler

UV-Strahlung. Dabei dringt die gefährliche UV-C-Strahlung nicht bis zur Erdoberfläche vor, da sie in der Atmosphäre bereits vollständig absorbiert wird. Seit einiger Zeit gibt es HQI-Lampen, die in eine E27-Fassung passen und einen integrierten Reflektor besitzen. Allerdings wird für ihren Betrieb ein externes Vorschaltgerät benötigt. Diese Lampen senden UV-A- und UV-B-Strahlen aus, die sich als besonders positiv auswirken. Hat man diese Lampen nicht zur Verfügung, verwendet man zusätz-lich UV-Energiesparlampen (am besten mit E27-Fassung) oder zeitweise eine OSRAM-Ultravitalux-Lampe (300 W, täglich ca. 30–60 Minuten, Abstand ca. 60 cm). Als zusätzliche Wärmestrahler müssen Spot-Lampen (Konzentra) installiert werden, um den entsprechenden Amphibien und Reptilien an einigen lokalen Stellen in ihrem Lichtkegel die erforderliche Maximaltemperatur zu bieten. In den Artenbeschreibungen werden unter „Klima" die erforderlichen Temperaturen genannt.

Linkes Bild:
Die Schildkröten klettern zum Aufwärmplatz.

Rechtes Bild:
Wasserschildkröten müssen immer wieder völlig trocken werden können.

Das Klima

Praxis | Temperaturgefälle

Während im Lichtkegel eines Wärmestrahler (Konzentra-Lampe, Spot-
Strahler etc.) Temperaturen um etwa
35 °C (bei Wüstentieren sogar bis
zu 45 °C) erreicht werden sollten, genügen an kühleren Stellen etwa 15 °C.
Damit hat man ein Temperaturgefälle
von 20 °C erreicht und die Pfleglinge
können zwischen diesen Temperatur-
bereichen wählen.

Temperaturen

Amphibien und Reptilien müssen in
Terrarien stets die Gelegenheit haben,
ihren bevorzugten Temperaturbereich
aufzusuchen bzw. ungünstigen Temperaturen auszuweichen. Manche Amphibien bevorzugen z. B. recht niedrige

Temperaturen, so dass das Terrarium
einiger Arten am besten in einem
kühlen Kellerraum aufzustellen ist.
Aber auch Reptilien möchten nicht
immer die gleichen Temperaturen
haben, sondern im Verlauf des Tages
unterschiedliche Temperaturbereiche
aufsuchen können. Daher muss man
dafür sorgen, dass sich innerhalb des
Terrariums – je nach Art – ein Tempe-
raturgradient von 10 bis 25 °C befindet.
Hängt der Wärmestrahler über einer
Stelle, unter der sich im Bodengrund
eine für die Reptilien leicht zugäng-
liche Eiablagebox befindet, werden
dort auch die für einen Eiablageplatz günstigen Temperaturen
erreicht (siehe Seite 8).
Manche Reptilienarten benötigen
(zum Teil) höhere Bodentempera-
turen. In solchen Fällen bietet es
sich an, unter einem Teil des Terrarienbodens eine Heizmatte zu instal-
lieren. Im Zoohandel gibt es auch so
genannte Heizsteine und weitere Wärmequellen. Dabei ist unbedingt die
Gebrauchsanweisung zu beachten.

Luftfeuchtigkeit

Amphibien und Reptilien, die in ihrem Lebensraum einer höheren Luftfeuchtigkeit ausgesetzt sind, wie zum Beispiel im tropischen Regenwald, muss man diese auch in einem Terrarium bieten. Die relative Luftfeuchtigkeit misst man mit einem Hygrometer.

Aber auch in Halbwüsten- oder Steppenterrarien sollte man morgens die Einrichtung leicht übersprühen (Taubildung). Unmittelbar danach steigt die Luftfeuchtigkeit und sinkt im Verlauf der folgenden Stunden wieder. Das bedeutet manchmal, dass man die Einrichtung oder die Pflanzen in Regenwaldterrarien sogar zweimal täglich leicht besprühen muss, um die gewünschte Luftfeuchtigkeit zu erhalten. Über den Zoohandel erhältliche Nebel- und/oder Sprühanlagen erleichtern dies und lassen sich über Zeitschaltuhren steuern. Durch die dichtere Bepflanzung hält sich in einem Regenwaldterrarium die Luftfeuchtigkeit länger als in einem unbepflanzten oder spärlich bepflanzten Terrarium. Befindet sich im Terrarium ein Wasserbecken, kann man das Wasser mit einer Aquarienfilteranlage reinigen und den Ausströmer auf eine als Bachbett modellierte Rinne richten. Aber auch ein künstlicher Wasserfall kann in einem Regenwaldterrarium für eine höhere Luftfeuchtigkeit sorgen.

> **Tipp** | **Temperatur**
>
> Bringt man zwei Thermometer an unterschiedlichen Stellen (oben/unten) an, kann man jederzeit die Temperaturen überwachen.

Der Jahresrhythmus

Tropen und Subtropen

In subtropischen und tropischen Regionen der Erde sind Amphibien und Reptilien meist ganzjährig aktiv, da sich die Temperaturen im Verlauf eines Jahres nicht sonderlich ändern und den wechselwarmen Tieren stets Aktivitäten ermöglichen. Hier wechseln sich im wesentlichen Trocken- und Regenzeiten ab, die auch bei der Haltung jener Arten berücksichtigt werden müssen. Damit verbunden sind auch besonders starke Schwankungen bei der relativen Luftfeuchtigkeit, wodurch oft die Fortpflanzungsbereitschaft ausgelöst wird.

Gemäßigte Klimabereiche

In den gemäßigteren Klimabereichen kennen wir vier typische Jahreszeiten, wobei es im Winter auch zu Frost kommen kann. In diesen Klimaten müssen Amphibien und Reptilien zu ihrem Schutz bei sinkenden Temperaturen ihre Verstecke aufsuchen. Dort, wo die Temperaturen unter 0 °C sinken können, verbergen sie sich rechtzeitig an frostsicheren Stellen und fallen in eine Kältestarre. Deshalb ist es auch bei der Haltung in Menschenobhut erforderlich, jene Amphibien und Reptilien artgerecht zu überwintern.

Im tropischen Regenwald (Costa Rica)

Klimarhythmus

Insgesamt muss man Amphibien und Reptilien im Terrarium im Verlauf eines Tages und Jahres ähnliche Klimabedingungen schaffen, wie sie in ihrem Lebensraum vorherrschen. Das heißt, man muss dabei ihre kleinklimatischen Bedingungen zu kopieren versuchen. Auf einem Felsen lebende Geckos sind einem anderen Mikroklima ausgesetzt als am Fuß des Felsen im Schatten lebende Frösche oder am nahen Waldrand lebende Schildkröten. Die Klimawerte einer Region kann man gewöhnlich den Daten einer nahe gelegenen Klimamessstation entnehmen. Im Internet findet man auch diverse

Madagaskar-Taggeckos benötigen Temperaturschwankungen.

Klimadaten. Besonders gerne werden die Klimadaten dem „Handbuch ausgewählter Klimastationen der Erde" entnommen. Anhand dieser Klimatabellen (Temperatur, Niederschläge, Sonnenscheindauer) entwickelt man einen Plan, wie das Terrarienklima im Laufe eines Jahres aussehen sollte, und steuert dies mit Hilfe von Zeitschaltuhren.

Halbwüste in Arizona (USA)

Terrarientypen

Hier werden neun Terrarientypen beschrieben, die für viele Amphibien- und Reptilienarten geeignet sind. Dabei werden die wesentlichen Merkmale genannt und sind als Vorschläge anzusehen. Natürlich kommt es bei der Gestaltung und Einrichtung in erster Linie auf die darin zu haltenden Amphibien und Reptilienarten, aber auch auf die Fantasie des Halters an. Die Temperatur richtet sich nach den zu pflegenden Tieren und wird bei den Beschreibungen der Terrarientiere (ab Seite 76) angegeben.

Bergmolche werden in Aquaterrarien gepflegt.

1. Aquaterrarium für Wasserbewohner

Format Aquarium mit großzügiger Grundfläche.
Beleuchtung Leuchtstoffröhren. Bei Bedarf Wärmestrahler auf Insel (Stein, Wurzel o.ä.) richten.
Bodengrund Im Wasser kein Bodengrund, lediglich bei Weichschildkrö-

ten, Klappschildkröten oder anderen Arten, die sich darin gerne eingraben.
Einrichtung Der Boden wird mit Wasser angefüllt. „Inseln" dienen als Landteil. Man kann auch ein hohl aufliegendes Rindenstück (Korkrinde usw.) einbringen, so dass sich die Tiere darunter zurückziehen können. Einige Wasserpflanzen (z. B. Wasserpest) bieten auch im Wasserteil Versteckmöglichkeiten

und dienen manchen Amphibien auch als Laichhilfe bzw. Ablaichsubstrat. Eier legende Reptilienweibchen benötigen jedoch einen Landteil mit geeignetem Eiablageplatz, der leicht zu erreichen sein muss.

Uferbewohner beim Sonnenbad

2. Terrarium für Uferbewohner

Format Je nach Art flach oder hoch, großzügige Bodenfläche. Trennscheibe zwischen Land- und Wasserteil kleben oder eine eingesetzte Pflanzenschale als Landteil anbieten.

Beleuchtung Bei Amphibien aus tropischen und subtropischen Regenwäldern genügen gewöhnlich Leuchtstoffröhren, bei Reptilienarten kann man auch HQL- oder HQI-Lampen einsetzen. Wärmestrahler sind bei Bedarf auf Stege oder den Landteil zu richten.

Bodengrund Man kann den deutlich höher liegenden Landteil mit Sand oder feinem Kies auffüllen. Durch Stege muss der Wasserteil problemlos von den Tieren verlassen werden können. Der Wasserteil sollte keinen Bodengrund enthalten. Das Wasser kann durch eine Aquarien-Filteranlage gereinigt oder, wenn möglich, durch ein Ausflussventil abgelassen und gewechselt werden.

Einrichtung Für die Pfleglinge muss das Wasser sehr leicht zu verlassen sein, am besten über einen Steg, wie z. B. ein Rindenstück oder ähnliches. Für Echsen und Schlangen sowie Schildkröten ist auf dem Landteil anstelle von Sand oder Kies ein grabfähiges Sand/Torf-Gemisch (Eiablageplatz) einzubringen. Bei entsprechendem Platz kann man einige Pflanzen (mit Topf) in den Bodengrund des Landteiles einsetzen. Ein kräftiger Ast, der aus dem Wasser auf den Landteil ragt, wird von den Tieren gerne als Sitzwarte angenommen. Für kletternde Arten bietet es sich an, einen Ast schräg nach oben ragend einzubringen und diesen mit Epiphyten (Farne, Kletterpflanzen, Bromelien usw.) zu bepflanzen.

Linkes Bild: Tradescantie

Rechtes Bild: Kletterficus

Bodenbewohner bleiben oft in der Nähe ihrer Höhle.

3. Terrarium für Bodenbewohner

Format Wichtig ist eine großzügig bemessene Grundfläche.
Beleuchtung Leuchtstofflampen als Grundbeleuchtung. Für lichthungrige Reptilien können auch zusätzlich HQL- oder HQI-Lampen eingesetzt werden. In kleineren Terrarien genügt als zusätzliche Wärmequelle oft ein Wärmestrahler in der Mitte. Bei sehr großen Terrarien können auch mehrere Wärmestrahler eingesetzt werden.

Bodengrund Für bodenbewohnende Amphibien kann man feuchtes Torfmoos verwenden, für Pfeilgiftfrösche auch Torfziegel, ansonsten bietet sich rundkörniger Sand oder ein lockeres Sand/Erde-Gemisch an, wobei immer ein Teil leicht feucht bleiben muss.
Einrichtung Für Kröten o. ä. ist eine Versteckmöglichkeit (z. B. hohl liegende Korkrinde usw.) einzubringen. Für kleinere Echsen ist eine Eiablagebox mit einer Öffnung nach oben in den Bodengrund einlassen. Schildkröten und Schlangen benötigen grabfähiges Substrat (Sand/Torf-Gemisch o. ä.) als Eiablageplatz. Als Sichtbarrieren oder Klettermöglichkeit dienen Steine, Wurzeln oder ein Stück Korkeiche. Ein kleiner, leicht feuchter Laubhaufen wird von Kröten gerne als Tagesversteck angenommen und animiert kleinere Echsen zum Scharren. Bei Arten aus vegetationsreicheren Lebensräumen kann man einige typische Pflanzen einsetzen. Wassernapf nicht vergessen!

Einfaches Terrarium für Bodenbewohner

4. Terrarium für Busch- und Baumbewohner

Format Hochformat.
Beleuchtung Leuchtstofflampen. Ein Platz zum Sonnenbaden für kletternde Froschlurche im oberen oder mittleren Terrarienbereich wird mit einem kleinen Spotstrahler erwärmt. Für Reptilien können auch HQL- oder HQI-Lampen zur Beleuchtung eingesetzt werden.
Bodengrund Für Amphibien leicht feuchtes Sand/Torf-Gemisch oder Sand/Erde-Gemisch. Für Reptilien Flusssand oder sehr feiner Kies.
Einrichtung Bei Reptilien, die ihre Eier am Boden ablegen, muss mindestens ein Eiablageplatz vorhanden sein. Es bietet sich an, die Rückwand mit Korkeichenstücken o. ä. zu bekleben. Ein kräftiger, oben stärker verzweigter Ast bildet den Mittelpunkt, daneben pflanzt man eventuell schmale, hoch wachsende Pflanzen (im Topf), die einerseits Schatten und Sichtschutz bieten und deren Blätter andererseits nach dem Besprühen noch einige Zeit mit Wasser benetzt bleiben. Außerdem kann man auf dem Ast noch einige Epiphyten (z. B. Bromelien, Farne) kultivieren, die weitere Versteckmöglichkeiten bieten. Für Taggeckos (.) wird mindestens ein oben offener Bambus-

stab hochkant in das Terrarium gestellt (Eiablageplatz). Dabei muss der Hohlraum oben mindestens so lang wie die Geckos sein. Auf einem waagerechten Ast befestigte oder an einem senkrechten Ast angebrachte Korkstücke bieten in ihren Hohlräumen ebenfalls Versteckmöglichkeiten. Wasserschale nicht vergessen.

Terrarium für Busch- und Baumbewohner

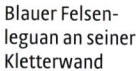

Spaltenschild-
kröten sind
Felsenbewohner

5. Terrarium für Felsenbewohner

Format Hochformat; lediglich für fel-
senbewohnende Reptilien geeignet.
Beleuchtung Leuchtstofflampen und/
oder HQL- bzw. HQI-Lampen. Auf einen
Platz für Sonnenbäder kann im oberen
und/oder mittleren Terrarienbereich
ein kleiner Spotstrahler gerichtet werden, ein weiterer auf den Boden.
Bodengrund Rundkörniger Flusssand
als Eiablageplatz oder feiner Kies, stellenweise eventuell etwas Muschelkalk
zur Dekoration.
Einrichtung Eiablagebox eingraben.
Die Rückwand, eventuell auch noch
eine oder beide Seitenwände sollten
als „Felswand" gestaltet werden (siehe
Seite 10). Einige Steinplatten bringt
man rutschfest (Silikonkautschuk)
und nach hinten ansteigend ebenfalls
so ein, dass Fugen und Spalten sowie

Versteckplätze entstehen. Für einige
Arten müssen in den Fugen die erforderlichen Eiablagemöglichkeiten sein.
An einer oder, je nach Größe des Terrariums, mehreren Stellen kann man
Bodendecker (z. B. *Ficus pumila*, Pelle-
farn usw.) kultivieren, die man täglich
leicht anfeuchtet. Die Tiere können
sich darin verbergen, aber auch nach
dem Sprühen Wassertropfen ablecken.
Wassernapf nicht vergessen.

Blauer Felsen-
leguan an seiner
Kletterwand

6. Terrarium für Savannen-und Halbwüstenbewohner

Format Flach, großzügige Bodenfläche.
Beleuchtung Leuchtstoffröhren, vor allem aber HQL- oder HQI-Lampen.
Bodengrund Flusssand oder feiner Kies. Besonders dekorativ ist der rötliche Halbwüstensand, den es im Terrarien-Fachhandel gibt.
Einrichtung Die untere Bodenschicht sollte immer leicht feucht sein. Zum Anfeuchten bildet man eine Mulde und füllt diese mit Wasser. Nachdem das Wasser versickert ist, schiebt man die Mulde wieder mit Substrat zu. Eventuell ist eine Eiablagebox ebenfalls vorher einzugraben oder eine unterirdische Kunsthöhle als Eiablageplatz herzurichten. Wurzelstücke oder größere Steine dienen als Dekoration und Klettermöglichkeiten.

Terrarium mit Dickblattgewächsen

Zur Bepflanzung sind Dickblattgewächse oder stachellose Kakteen geeignet. Wassernapf nicht vergessen. Eine gute Alternative bei der Haltung von Tieren, die gerne unterirdische Höhlen als Versteck- und Eiablageplätze aufsuchen, ist ein unterirdisches Labyrinth mit festen Wänden. Die Wände dieses Labyrinths baut man aus Ziegel- oder Kalksandsteinen auf der Bodenplatte des Terrariums. Achtung: Unbedingt eine dünne Styroporplatte unterlegen, damit nicht schon durch ein kleines Steinchen und das Gewicht der Steine die Bodenscheibe zerstört wird! Die entstandenen Kammern und Gänge werden zu zwei Dritteln mit leicht feuchtem Sand oder einem leicht feuchten Sand/Torf-Gemisch aufgefüllt. Die Kammern müssen übrigens etwa doppelt so hoch wie die Pfleglinge sein. Anschließend überdeckt man die Kammern und Gänge mit Steinplatten und füllt das Terrarium mit weiterem Bodensubstrat auf. Darauf achten, dass die Eingänge offen bleiben.

Aloe vera-Blüten

Sehr großzügiges Freilandterrarium für Landschildkröten

7. Freilandterrarium für Landbewohner

Format Großflächig. Die Anlage muss unbedingt ausbruchsicher umfriedet sein und die Umfriedung auch deutlich weit in den Boden ragen, um von den gepflegten Tieren, aber auch von Wühlmäusen, Schermäusen usw. nicht untergraben zu werden. Außerdem muss sie hoch und durch eine nach innen ragende Abschlussleiste ausbruchsicher sein. Zudem dürfen sich keine höher wachsenden Pflanzen in der Nähe der Umfriedung befinden, damit z. B. Ech-

Kleines Freilandterrarium

sen oder Schlangen nicht auf ihnen hochklettern und über die Umfriedung klettern oder springen können.
Beleuchtung Natürliches Tageslicht. Die Anlage muss deshalb unbedingt in einer sonnenexponierten Lage liegen.
Bodengrund Je nach Art Gartenerde, Sand- oder Sand/Erde-Gemisch, darunter eventuell eine starke Kiesschicht als Drainage, damit zumindest teilweise ein magerer Boden entsteht. Man sollte Hügel und Mulden modellieren, damit bei Niederschlägen das Wasser schnell ablaufen kann. Die Vegetation soll

Praxis | **Wetterschutz**

In Regionen, in denen es sehr häufig regnet, muss an die Freilandanlage unbedingt ein entsprechend geräumiges Gewächshaus anschließen, um den Schildkröten auch längerfristig großflächige trockene Stellen bieten zu können.

überschaubar bleiben, damit man die Tiere gut kontrollieren kann.

Einrichtung Sie richtet sich nach den zu pflegenden Tierarten. Möchte man europäische Landschildkröten pflegen, ist es sogar ein absolutes Muss, einen Garten zur Verfügung zu haben. Denn diese Reptilien sollte man nur in Ausnahmefällen (Quarantäne, Übergangszeiten, Krankheitsfall usw.) in einem Zimmerterrarium halten. Für europäische Landschildkröten muss das Freilandterrarium an einer Stelle geplant werden, die nach Süden ausgerichtet bzw. möglichst den ganzen Tag der vollen Sonneneinstrahlung ausgesetzt ist. Der Platz darf auch nicht Abgasen, Lärm, ständigen Störungen usw. ausgesetzt sein.

Um möglichen Feinden (Raubvögel, Marder usw.) das Eindringen zu verwehren, bietet es sich an, die Freilandanlage oben mit einem Netz oder Maschendraht abzudecken. Bereits die grünen Vogelschutznetze leisten dabei gute Dienste. Zudem muss unbedingt eine frühbeetartige Kunsthöhle, die für die Schildkröten leicht zugänglich ist, als „Schutzhütte" vorhanden sein. Eine nur stellenweise dichte Bepflanzung mit z. B. Heidekraut (*Calluna spec.*), Lavendel (*Lavandula angustifolia*),

Freilandterrarium mit Gewächshaus

Tipp | **Eiablageplatz**

Dem Platz für die Eiablage kommt eine besondere Bedeutung zu. Er sollte einen Hügel aus verschiedenen Materialien (Erde, Sand) bilden, sodass in der Eiablagezeit der stets leicht feucht zu haltende Boden für die Weibchen grabfähig bleibt.

Salbei (*Salvia officinalis*) oder anderen Trockenpflanzen bietet Schattenplätze. Neben großzügigen Flächen mit allerlei Wildkräutern sind auch sandige Flächen erforderlich, auf denen sich die Tiere aufwärmen können. Pflanzenuntersetzer aus Kunststoff oder Keramik dienen als Tränken und werden täglich gesäubert und mit Frischwasser gefüllt.

8. Freilandterrarium für Wasserbewohner

Format Möglichst großflächig mit Teich. Der Teich soll flache Ufer haben, ausgeprägte Flachwasser- und Sumpfzonen aufweisen und in der Mitte etwa 1,20 bis 1,50 m tief sein.

Beleuchtung Natürliches Tageslicht; sonnenexponierte Lage unbedingt erforderlich.

Bodengrund Im Randbereich des Teiches muss sich mindestens eine als Eiablageplatz geeignete Stelle befinden (siehe Terrarientyp 7), wenn sich eierlegende Reptilien (z. B. Wasserschildkröten) darin befinden.

Auch bei der Wahl des Standortes und der Umfriedung gilt das Gleiche wie bei den Freilandanlagen für Landschildkröten (7). Für jene Arten, die sehr gut schwimmen und sich häufig im Wasser aufhalten, sollte der Teich eine entsprechende Größe und Tiefe haben.

Zur Anlage eines Teiches sind die im Baustoffhandel erhältlichen Teichfolien besonders gut geeignet. Mehrere große Äste oder Stämme dienen als Versteck- und Sonnenbadeplätze. Vor allem die mitten im Teich liegenden Sonnenbadeplätze (kräftiger Ast), von denen z. B. Wasserschildkröten sich schnell in das Wasser flüchten können, werden gerne aufgesucht. An der tiefsten Stelle kann

Freilandterrarium für Wasserbewohner

Folienteich mit
Tief-, Flachwasser-
und Uferzone

bei sehr großen Teichen eine Seerose in einem Kübel eingesetzt werden. In den Flachwasserbereichen können Bestände von *Myriophyllum spicatum* (Tausendblatt) oder Wasserpest (*Elodea spec.*) weitere Versteckmöglichkeiten bieten, werden aber auch manchmal gefressen.

9. Freiluftterrarium

Format Das Format (flach oder hoch) richtet sich nach den darin zu haltenden Tieren (siehe Porträts ab Seite 76). Es muss für eine gute Durchlüftung gesorgt werden, daher sind an einer Seite und in der Abdeckung große Lüftungsfelder erforderlich. Diese müssen so groß sein, dass es zu keinem Hitzestau kommen kann. Bei Chamäleons sind Freiluftterrarien am besten rundum mit Gaze bedeckt. Außerdem muss das Terrarium gegen Regen geschützt sein, eventuell durch eine im Abstand über dem Terrarium angebrachte Plexiglasüberdachung (sie lässt UV-Licht durch).

Beleuchtung Natürliches Tageslicht, da diese Terrarien an einer geschützten Stelle an einer Hauswand, auf der Terrasse oder im Garten stehen und die Pfleglinge nur für eine begrenzte Zeit (Sommermonate) darin gehalten werden. Vorsicht: Das Terrarium muss an einem Standort stehen, der Sonne bietet. Bei voller Besonnung sind teilweise Schattenplätze einzurichten, da es sonst zu einer Überhitzung kommen kann!

Bodengrund Wie in den jeweiligen Terrarientypen vorgegeben.

Einrichtung Die verschiedenen Terrarientypen beachten. Bei sehr großen Freiluftterrarien ist die Einrichtung etwas spärlicher und so zu wählen, dass man bei Bedarf jederzeit Zugang zu den Pfleglingen hat, ohne mühevoll die gesamte Einrichtung entfernen zu müssen.

Ernährung, Pflege und Vermehrung

Vor dem Kauf

Spontankäufe vermeiden

Oftmals entsteht in einem Reptilienzoo, in einer Zoofachhandlung, auf einer Reptilienbörse usw. spontan der Wunsch, dass man dieses oder jenes Tier gerne haben und in einem Terrarium halten, pflegen, beobachten und möglichst auch vermehren möchte. Aber Spontananschaffungen erweisen sich letztendlich immer als negativ, sowohl für den zukünftigen Halter, noch mehr aber für das erworbene Tier. Denn sehr häufig wird nicht berücksichtigt, wie man die Tiere artgerecht unterbringen, ernähren und weiterhin versorgen muss.

Erst informieren!

Hat man sich für eine Amphibien- oder Reptilienart entschieden, muss man sich verantwortungsbewusst erst einmal ausführlich über diese Art informieren. Dazu dient auch das vorliegende Buch. Es sollte aber nicht die einzige Lektüre bleiben, denn je umfangreicher man über eine Tierart informiert ist, umso sachkundiger kann man ihre Pflege organisieren. Erst wenn man gut informiert ist und auch glaubt, alles für dieses Lebewesen tun zu können, wird man sich bemühen, diese Art auch zu bekommen.

Vor dem Kauf beachten: Grüne Leguane können sehr groß werden!

Bezugsquellen

Geht es um die eigentliche Anschaffung, gilt folgendes: Am besten ist es, direkt von einem Züchter gesunde Nachzuchten zu erwerben. Dann kann man sich auch die Elterntiere zeigen lassen und hat vermutlich auch gleich eine kompetente Person, die Tipps zur optimalen Haltung liefern kann. Adressen bekommt man z. B. über die Deutsche Gesellschaft für Herpetologie und Terrarienkunde e.V. (DGHT; siehe Seite 155).

Info	Gesundheit

Man sollte bei der Anschaffung unbedingt Nachzuchttieren den Vorzug geben, denn viele Parasiten kommen ausschließlich bei Wildfängen vor. Etliche Parasiten benötigen für ihre Entwicklung nämlich einen Zwischenwirt, den sie nur in der Natur finden können.

Zoofachgeschäfte

Ein häufig beschrittener Weg ist der in ein Zoofachgeschäft. Leider werden dort oft Wildfänge angeboten und das Personal ist unterschiedlich gut qualifiziert. Daher ist es wichtig, sich im Zoofachgeschäft – wie überall – die Terrarien genau anzusehen:
• Sind die Tiere artgerecht untergebracht?
• Sind die Terrarien sauber und machen einen gepflegten Eindruck?
• Sind die Terrarien nicht überbesetzt?
• Befinden sich keine kranken oder sogar tote Tiere in den Terrarien?
• Kennt sich der Verkäufer mit der ausgesuchten Art aus?
Wenn man nicht alle Fragen mit einem klaren „Ja" beantworten kann, sollte man die Finger von den Tieren lassen. Bietet ein Züchter auf einer Reptilienbörse seine Nachzuchten an, vereinbaren Sie mit ihm lieber einen Termin bei ihm zuhause.

Zauneidechsen gehören zu den geschützten Arten.

Der Gesundheits-Check

Dem Chamäleon fehlt der Greif-schwanz.

Erst einmal beobachten!

Einige äußere Merkmale können bereits Hinweise darauf geben, ob das betreffende Tier gesund ist. Unabhängig davon können Erkrankungen, die eine längere Inkubationszeit haben, erst zu einem späteren Zeitpunkt sichtbar werden. Beobachten Sie zunächst die in die engere Wahl genommenen Tiere in der vorgefundenen Umgebung. (Das ist natürlich bei nachts aktiven Arten fast nicht möglich.) Achten Sie auf die arttypischen Aktivitäten und Aufenthaltszonen von Boden-, Baum bzw. Gewässerbewohnern. Erst danach nehmen Sie ggf. die Tiere in die Hand, um sie näher zu begutachten. Kleinere oder empfindliche Exemplare überführt man in ein Gefäß, um sie genauer betrachten zu können.

Bewegungen

Bewegt sich das Tier seiner Art entsprechend harmonisch und sinnvoll? Läuft (oder klettert oder schwimmt) es vorsichtig und aufmerksam durch das Terrarium? Flieht es schnell und geschickt bei dem Versuch, nach ihm zu greifen? Amphibien und Reptilien, die unsichere Bewegungen ausführen oder offenbar geh- oder kletterbehindert sind, sollte man nicht erwerben. Tiere, die sich in ihr Versteck zurückgezogen haben, muss man (wenn möglich) einmal dort herausnehmen und dann ihr Verhalten beobachten. Es gibt natürlich Arten, die sich gewöhnlich nicht sonderlich viel bewegen. Erst wenn man sich über die jeweilige Art genügend informiert hat, kann man dies bei der Beurteilung mit einbeziehen.

Nahrungsaufnahme

Bitten Sie gegebenenfalls den Anbieter, die betreffenden Tiere vor dem Erwerb fasten zu lassen, damit man sie bei der Nahrungsaufnahme beobachten kann. Nimmt das Tier nach dem Futterangebot spontan Nahrung zu sich? (Bei nachtaktiven Arten ist dies nicht so einfach zu beobachten).

Körperzustand

Ist der Körper des Tieres frei von Defekten? Sind die Gliedmaßen fehlerfrei? Sind sie in einem guten Ernährungszustand? Regenerierte Schwänze sind bei Echsen nur Schönheitsfehler. Bei rachitischen Deformationen, aber auch großflächigen Narben (Häutungsprobleme) ist von der Übernahme abzuraten. Auch wenn Ektoparasiten (Milben, Zecken, usw.) zu sehen sind, sollte man vom Kauf absehen, da dies auf eine hygienisch mangelhafte Unterbringung schließen lässt. Sind die Augen offen und klar, ist dies ein gutes Zeichen.

Sind die Augen eingefallen, geschlossen und/oder verklebt, können schwerwiegende Allgemeininfektionen vorliegen. Ist der Unterkiefer weich und lässt sich leicht zusammendrücken? Gummiartige Unterkiefer weisen auf schwere Erkrankungen des Knochenskelettes hin. Ist die Kloake sauber? Tiere mit einer schmutzigen, verschmierten Kloake haben oft Durchfallerkrankungen!

Ausscheidungen

Ist im Terrarium der Tiere frischer Kot zu sehen? Hat er seine typische Konsistenz und Farbe? Ist er geruchlich unauffällig? Bei Veränderungen können bakterielle Infektionen oder Erkrankungen der inneren Organe vorliegen, aber auch ein schwerwiegender Parasitenbefall.
Sind die gewünschten Tiere offensichtlich gesund, steht einem Kauf nichts entgegen. Schließen Sie ggf. einen Kaufvertrag ab und lassen Sie sich die erforderlichen Papiere übergeben (siehe bei den Artenbeschreibungen ab Seite 76).

Dieser Frosch hat am Nasenloch ein Tumor!

Richtige Ernährung

Häufig bevorzugen Einsteiger in die Terraristik solche Pfleglinge, deren Futterbeschaffung und Fütterung relativ einfach ist. Aus diesen Gründen werden an Reptilien besonders gerne Pflanzenfresser gehalten. Denn die Versorgung pflanzenfressender Arten mit abwechslungsreicher Kost ist relativ einfach! Dabei versucht man oft auch jene Arten zu bekommen, die handzahm werden können, wie z. B. Dornschwanzagamen und Bartagamen. Bei Reptilienarten, die sich von Beutetieren ernähren, oder der Haltung von Amphibien, die immer nach tierischer Kost verlangen, muss man als Pfleger schon etwas mehr Mühe aufbringen. Denn auch jene Tiere benötigen eine abwechslungsreiche Kost.

In den entsprechenden Zoofachhandlungen findet man meistens ein reichhaltiges Angebot an Futtertieren wie Grillen, Heimchen, Wachsmotten, Heuschrecken, Schaben usw. Sehr viele Terrarianer züchten ihre Futtertiere ganz oder teilweise selbst. Denn dies ist zum einen kostengünstiger und ermöglicht es andererseits, seinen Pfleglingen jederzeit garantiert hochwertiges Futter bieten zu können.

Erdbeerfröschchen fressen nur winzige Futtertiere.

Dornschwanz-agamen können handzahm werden.

Praxis   Wiesenplankton

Das sogenannte Wiesenplankton ist nicht ganz unproblematisch, denn man muss bei kleineren Amphibien- und Reptilienarten unbedingt jene wehrhaften Insekten und Spinnen aussortieren, die ihrerseits den Pfleglingen gefährlich werden könnten. Zudem können sich im Wiesenplankton auch Tiere befinden, die zu den geschützten Arten gehören und deshalb auf der Roten Liste stehen. Diese sind sofort wieder freizulassen.

Wiesenplankton

In den warmen Monaten findet man mit einem Kescher an Hecken oder auf Wiesen noch andere Futterquellen: Das Gewirr an kleinen Insekten, Spinnen und anderen Arthropoden und deren Larven, auch „Wiesenplankton" genannt, ist vor allem für Jungtiere und kleinere Arten eine sehr gesunde Abwechslung. Dass man nur auf Wiesen und an Hecken keschern sollte, die frei von Dünger, Bioziden oder anderen toxischen Stoffen sind, dürfte selbstverständlich sein.

Im Wesentlichen nehmen Amphibien und Reptilien mit ihrer Nahrung nicht nur Nährstoffe wie Fette, Eiweiß und Kohlenhydrate auf, sondern auch Wasser, Vitamine und Mineralien. Darum wird den Vitaminen und Mineralien ein eigenes Kapitel gewidmet. Denn eine gute Versorgung mit jenen Stoffen verhindert bei den Pfleglingen nicht nur Mangelerscheinungen, sondern auch ernsthafte Mangelerkrankungen, wie z. B. die häufig zu beobachtende Rachitis, die durch Vitamin-D- und Kalziummangel ausgelöst wird.

Auch im Freiland darf eine Wasserschale nicht fehlen.

Die junge Segelechse „steht im Futter".

Vitamine

Vitamine sind als fermentartige Wirkstoffe für den geregelten Ablauf der Lebensvorgänge unentbehrlich. Für den Stoffwechsel sind sie von großer Bedeutung und wirken bereits in sehr geringen Mengen. Es werden zwei Gruppen unterschieden: **fettlösliche Vitamine** (A, D, E und K) und **wasserlösliche Vitamine** (B1, B2, B6, B12, C, Nicotinsäureamid, Folsäure und H). Vitamine müssen mit der Nahrung aufgenommen werden. Sie sind pflanzlichen Ursprungs und der Organismus kann sie nicht selbst herstellen. Lediglich bei der Bildung von Vitaminen des B-Komplexes und des Vitamin K sind Darmbakterien beteiligt. Pflanzenfressende Reptilien nehmen mit ihrer Nahrung automatisch auch die notwendigen Vitamine auf. Arten, die sich von tierischer Kost ernähren, erhalten Vitamine gewöhnlich durch den Mageninhalt ihrer Beutetiere. Neben Vitaminen müssen Amphibien und Reptilien auch ausreichend mit Mineralien und Spurenelementen versorgt werden. Letztere sind in nur sehr geringen Mengen erforderlich, dürfen jedoch auf keinen Fall fehlen, da es sonst zu Mangelerkrankungen kommt.

Praxis | Vitamine

Insbesondere bei der Aufzucht von Amphibien und Reptilien ist auf ein Vitamin besonders hinzuweisen: Vitamin D. Es bildet sich unter UV-Strahlung aus einem in der Haut vorkommenden Provitamin (Ergosterin).

Mineralien

Unter den Mineralien haben Kalzium und Phosphor eine besondere Bedeutung, denn beide bilden mit ungefähr 70% den größten Anteil der mineralischen Bestandteile des Körpers. Zudem stehen diese Mineralien in ständiger Wechselbeziehung miteinander. So enthält z. B. das Skelett etwa 99 % des Körperkalziums sowie etwa 85 % des Körperphosphors. Bei einer Unterversorgung des Organismus führt dies bei jungen Amphibien und Reptilien zur Knochenerweichung (Rachitis) und bei erwachsenen zu brüchigen Knochen (Osteomalazie). Kalzium ist außerdem wichtig für die Erhaltung der Blutgerinnung sowie Enzymaktivitäten. Auch für die Erregbarkeit der Nervenfasern ist Kalzium unentbehrlich. Es würde den Rahmen des Buches sprengen, auf die Bedeutung aller Mineralien einzugehen. Aber am vorgestellten Beispiel ist erkennbar, dass auch andere Mineralien für den Organismus wichtig und

> **Tipp** | **Präparate**
>
> Es gibt im Zoofachhandel diverse Vitamin- und Mineralstoffpräparate in Pulverform, mit denen man das Futter für Amphibien und Reptilien vor dem Verfüttern bestäuben kann (z. B. ZVT KORVIMIN®, Vitakalk®), Vitamine gibt es aber auch in flüssiger Form (z. B. Multibionta®).

selbst in äußerst geringen Mengen (Spurenelemente) unentbehrlich sind. Zu den Spurenelementen gehören z. B. Eisen, Kupfer, Kobalt, Magnesium, Mangan, Silizium und Zink, ebenso die Nichtmetalle Flur und Jod.
In der Natur nehmen Amphibien und Reptilien Mineralien ebenso wie Vitamine mit ihrer natürlichen Nahrung auf. Die begrenzte Auswahl an pflanzlichen und tierischen Futtermitteln bei der Terrarienhaltung birgt die Gefahr einer Unterversorgung schon eher. Diese Gefahr besteht vor allem bei einseitiger Ernährung!

Linkes Bild:
An feuchtem Futter haftet oft Sand.

Rechtes Bild:
Sepia-Schale dient als Kalklieferant.

Futterpflanzen

Futter für Pflanzenfresser

Amphibien fressen lediglich in einigen Larvenstadien (z. B. Kaulquappen) pflanzliche Kost, z. B. Algen, weiche Salat- oder Löwenzahnblätter (vor dem Verfüttern einfrieren oder überbrühen!). Pflanzenfressende Reptilien decken ihren Nahrungsbedarf vor allem durch lösliche Kohlenhydrate und Rohfaser. Deshalb gehören zu einer gesunden Ernährung jene Pflanzen, die ausreichende Mengen an Rohfetten, Rohproteinen und Rohfasern bieten. Dabei besitzt die natürliche Nahrung

der meisten pflanzenfressenden Reptilien ein Kalzium/Phosphor-Verhältnis von 1:1 oder 2:1. Insbesondere Wildkräuter, jedoch nur sehr wenige Gemüsesorten reichen an den erforderlichen Kalziumgehalt heran. Fast alle Kulturpflanzen besitzen einen Überschuss an Phosphor. Darum ist von den meisten käuflichen Gemüse- und Salatsorten abzuraten. Nur wenige Blatt-, Stängel-, Blüten-, Wurzel- und Knollengemüse sind akzeptabel. Und besonders erstaunlich ist, dass einige exotische Früchte ein optimales Kalzium/Phosphor-Verhältnis aufweisen, wie z. B.

Pflanzenfresser verzehren sehr gerne Löwenzahn.

Apfelsinen. Sämtliche Salatsorten haben nur einen sehr geringen Nährwert, denn sie bestehen vorwiegend aus Wasser und besitzen nur wenige Nährstoffe.

Geeignete Futterpflanzen: Apfelsine, Brunnenkresse, Breit- und Spitzwegerich, Disteln, Endiviensalat, Fenchel, Gartenkresse, Grünkohl, Karotten, Klee (Rot- und Weißklee), Kohlrabiblätter, Kopfsalat (Freiland), Löwenzahn, Mandarinen, Mangold, Melde, Petersilie, Portulak, Rettich, Römersalat (Lagutta), Radiccio, Rucola, Vogelmiere, Zucchini.

Nur selten füttern (Pflanzen mit Phosphorüberschuss): Apfel, Banane, Chicoree, Tomaten, Gurken, Paprika,

Geraspelte Möhren sind gesund.

Kürbis, Bohnen-, Erbsensprossen, Eisberg- und Feldsalat.

Gutes Aufzuchtfutter (Pflanzen mit Kalziumüberschuss): Brunnenkresse, Futtermalve, Möhrenkraut, Markstammkohl.

Gar nicht füttern (Oxalsäureüberschuss): Rotkohl, Sauerampfer, Porree, Mangold, Rhabarber, Kohlrabiknolle, Spinat, Chinakohl.

Keimlinge (im Keimapparat leicht herzustellen): Weizen, Rettich, Alfalfa, Mungbohne.

Info | Oxalsäure

Oxalsäure bindet Kalzium an sich, wodurch die Aufnahme von Kalzium im Darm vermindert wird. Außerdem steigt der Oxalsäureanteil in Nieren und Urin stark an. Oxalsalze oder Kalziumoxalatkristalle können unter Umständen zur Bildung von Blasen- und Nierensteinen führen.

Blühender Löwenzahn

Futtertiere

Von tierischer Kost lebende Amphibien (alle) und Reptilien decken ihren Nährstoffbedarf vor allem durch Fette und Proteine (Eiweiß). Allesfresser nehmen in ihrer stärksten Wachstumsphase vor allem mehr Fette und Proteine als Kohlenhydrate und Fasern auf.
Vor allem jene Arten, die Insekten und andere Gliedertiere, aber auch Kleinsäuger verzehren, erhalten über den Mageninhalt ihrer Beutetiere die notwendigen Mineralien und Spurenelemente, aber auch Vitamine. Dies gilt auch für den Verzehr von Regen- und Tauwürmern. Sie werden jedoch nicht von allen Fleischfressern akzeptiert, von anderen dagegen bevorzugt.

Nährwert erhöhen

Um ihren Nährwert zu erhöhen, bieten viele Echsenhalter den Futtertieren erst einmal selbst für zwei bis drei Tage z. B.

Trockenfutter für Katzen und Hunde an. So kann man durch kalziumreiches Futter den Kalziumgehalt der Futterinsekten erhöhen. Um sie weiter mit Kalzium anzureichern, kann man die Insekten außerdem vor dem Verfüttern mit einem Mineralstoffpräparat einstäuben.
Beim Verfüttern von Kleinsäugern erhalten große Amphibien und Reptilien hochwertige Proteine, Vitamine, Mineralien und Spurenelemente. Dies gilt vor allem für junge Kleinsäuger. Das Verfüttern lebender Mäuse ist nicht jedermanns Sache, jedoch verlangen etliche Schlangen gerade diese Beutetiere. Manche nehmen jedoch auch abgetötete Kleinsäuger an, vor allem Mäuse- und Rattenbabys. Man kann sie im eingefrorenen Zustand erwerben und ohne nennenswerte Nährwertverluste längere Zeit aufbewahren. Was oft übersehen wird: Mäuse- und Rattenbabys enthalten nur

Frisch gehäutete Grillen sind noch sehr weich.

Blattschaben

Info Futterinsekten

Am besten füttert man erworbene Futterinsekten erst einmal einige Tage mit Katzen- oder Hundefutter aus der Dose. Auch frisch geschlüpfte Insekten besitzen noch keinen nennenswerten Nährwert und benötigen ebenfalls erst einmal selbst eine vollwertige Ernährung. Erst einige Tage später sollte man sie verfüttern, wenn sie nahrhafter geworden sind. Die besonders häufig verfütterten Larven des Schwarzkäfers *(Tenebrio molitor)*, eher bekannt als „Mehlwurm", können – je nach Ernährung – ein Kalzium/Phosphor-Verhältnis zwischen 1:3 bis 6:7 aufweisen. Ähnliches gilt auch für andere Insekten und deren Larven. Über ihre Nahrung bekommen ausschließlich Insekten fressende Amphibien und Reptilien zu wenig Mineralien, denn diese Beutetiere besitzen nur eine Chitinhülle und kein Kalkskelett. Dieses Defizit wird in der Natur gewöhnlich durch die Wahl verschiedener Beutetiere wieder ausgeglichen.

Fliegenmaden

wenig Kalzium und Vitamin A. Also sollte man auch sie vor dem Verfüttern mit einem Mineralstoff- und Vitaminpräparat einstäuben. Im übrigen lassen sich Medikamente sehr gut über Mäusebabys an die Pfleglinge bringen, wenn man das Medikament in die tote Maus injiziert. Dies bietet sich vor allem an, wenn Echsen, Schlangen und andere Reptilien beim Geruch von Medikamenten die damit verbundene Nahrung verweigern. Dass eingefrorene Kleinsäuger vor dem Verfüttern vollständig aufgetaut sein müssen, dürfte selbstverständlich sein.

Hygiene im Terrarium

Benutzte Terrarien

Alle Terrarien, die bereits mit Tieren besetzt waren oder gebraucht erworben wurden, müssen erst einmal gründlich gereinigt und desinfiziert werden (z. B. mit Sagrotan®). Anschließend muss man diese Terrarien noch einmal gründlich mit sehr viel Wasser auswaschen. Schon geringe Spuren des Desinfektionsmittels könnten den später eingesetzten Pfleglingen schaden. Es ist bei der Wahl des Desinfektionsmittels unbedingt darauf zu achten, dass es auf Peroxid- oder Alkoholbasis ist. Phenolhaltige Desinfektionsmittel können auf Amphibien, aber auch Reptilien eine toxische Wirkung haben.
Zu beachten ist, dass viele Desinfektionsmittel (auch Sagrotan®) nicht gegen Dauereier von Parasiten wirken. Deshalb müssen mit Dauereiern befallene Terrarien im Freien mit 5%igem Formalin desinfiziert werden. Dabei muss man vorsichtig sein, denn Formalindämpfe sind sehr gesundheitsschädlich und dürfen auf keinen Fall eingeatmet werden.

Einrichtungsgegenstände

Kostspielige Einrichtungsgegenstände wie z. B. Wasserschalen, Wurzeln, dekorative Steine o. ä. können im Backofen etwa 2 Stunden bei 150°C sterilisiert werden.

Tägliche Hygiene

Da die Pfleglinge in einem sehr beengten Terrarium ihr Umfeld relativ schnell verschmutzen würden, sind in einem Terrarium tägliche Reinigungsmaßnahmen erforderlich. Denn schon einfache Hygienemaßnahme können die Ausbreitung von krankheitserregenden

Verschmutzte Wurzeln u. ä. unverzüglich reinigen!

Einrichtungsgegenstände oder Scheiben müssen unverzüglich gereinigt werden. Jetzt wird auch verständlich, warum die Einrichtung eines Terrariums immer übersichtlich bleiben muss.

Wassernäpfe sind täglich zu reinigen.

Weitere Hygienemaßnahmen

Bei den täglich durchgeführten Reinigungsmaßnahmen werden aktuelle Verschmutzungen beseitigt. Dennoch sammeln sich immer wieder Verschmutzungen an und das Milieu bietet einen guten Nährboden für Mikroorganismen, auch jene, die zu Erkrankungen führen können. Man kommt nicht umhin, irgendwann – nach einem halben oder spätestens nach einem Jahr – die Pfleglinge in einem anderen Terrarium (Quarantänebecken usw.) unterzubringen und das gesamte Terrarium auszuräumen und zu reinigen (siehe S. 44 oben). Anschließend richtet man es dann mit neuen Substraten bzw. gereinigten und desinfizierten Materialien neu ein.

Nach spätestens einem Jahr ist eine Komplettreinigung erforderlich.

Info | Hygiene

Sauberkeit und Hygiene sind im Terrarium besonders wichtig, um die Pfleglinge gesund zu erhalten. Denn viele Erkrankungen sind Folgen mangelnder Hygiene. Dies gilt nicht nur für die Pfleglinge, sondern auch für den Pfleger!

Mikroorganismen eindämmen und Erkrankungen verhindern. Kot und Futterreste sind deshalb unverzüglich aus dem Terrarium zu entfernen. Viele Reptilien suchen nicht nur zum Baden oft die Wasserschalen auf, sondern koten auch gerne darin. Die Wasserschalen müssen dann gegebenenfalls sogar mehrmals täglich gereinigt und mit kochendem Wasser ausgespült werden. Auch wenn Kot- und Futterreste am Bodensubstrat haften, müssen sie sofort entfernt und das darunter liegende Substrat ebenfalls z. T. entfernt werden. Mit Kot- oder Futterresten verunreinigte

Winterruhe

In allen Lebensräumen ändert sich das Klima sowohl im Verlauf eines Jahres als auch Tages. Für Amphibien und Reptilien der gemäßigten Klimabereiche gibt es deutlich unterscheidbare Jahreszeiten (Frühling, Sommer, Herbst und Winter), die hinsichtlich Temperatur, Niederschlagsmenge, Tageslänge und Lichtintensität differieren. Über die Temperaturen im Jahresverlauf geben, wie bereits erwähnt, Klimadaten aus den Verbreitungsgebieten der Tiere Auskunft (siehe Seite 19). An diese Bedingungen sind Amphibien und Reptilien in der Natur angepasst, d.h. sie suchen in Regionen mit milden Wintertemperaturen lediglich ihr Versteck auf (Felsspalten, Höhlungen unter Steinen, Baumstämmen usw.),

Natürliches Winterquartier von Breitrandschildkröten (Griechenland)

um darin eine Winterruhe einzulegen. In Breiten mit winterlichen Frosteinbrüchen oder längeren Minusgraden genügt dies nicht. Dort suchen die betreffenden Amphibien und Reptilien rechtzeitig tieferliegende frostsichere Verstecke auf. Einige Zeit zuvor stellen sie die Nahrungsaufnahme ein und scheiden unverdauliche Stoffe aus. Denn sie sind bei sinkenden Temperaturen auch nicht mehr in der Lage, aufgenommene Nahrung zu verdauen. Bald darauf reduziert sich mit sinkenden Temperaturen auch ihr Grundumsatz und sie fallen in eine bei Wechselwarmen so genannte „Winterstarre". Die Dauer der erforderlichen Überwinterung nimmt von Süden nach Norden zu. Während sie z. B. im Mittelmeer-

raum nur etwa 7 bis 15 Wochen dauert, sind es in Mitteleuropa je nach Höhenlage 5 bis 7 Monate, in Nordeuropa kann sie 6 bis 8 Monate dauern. Ähnliche Zeiträume gelten auch für Nordamerika und den nördlichen asiatischen Raum – also überall dort, wo der jährliche Klimaverlauf für deutliche Jahreszeiten sorgt. In den trockenheißen Regionen legen Reptilien in der heißen Jahreszeit oft auch eine Sommerruhe ein.

Die innere Uhr

Die Zeit und Dauer der Winterruhe, aber auch die Sommerruhe folgen einem jahreszeitlichen Rhythmus, der durch eine innere Uhr gesteuert wird. Dabei spielen die Tageslichtlänge und dadurch beeinflusst hormonelle Vorgänge eine Rolle. Die Epiphyse, ein endokrines, hormonbildendes Organ, bildet neben anderen Hirnteilen in Abhängigkeit von den Temperaturen und den Lichtphasenwechseln als Botenstoff das Hormon Melatonin. Dieses Hormon ist der eigentliche Schrittmacher im 24-Stunden-Takt des Gehirns. Der Beginn der Dunkelphase bewirkt die Induktion der Melatoninsynthese. Gegen Ende der Nacht ist der Melatoninspiegel abgesunken und weicht einem höheren Glucocorticoidspiegel, der den Stoffwechsel anregt und tagaktive Arten von der Ruhe- in die Aktivitätsphase übergehen lässt. Vereinfacht: Während der Überwinterung setzt die Melatoninproduktion aus, steigt im Frühjahr durch Temperaturanstieg wieder an und lässt nun den Glucocorticoidspiegel langsam wieder ansteigen.

Im Spätherbst suchen auch Laubfrösche ein geeignetes Winterquartier.

Künstlich überwintern

Amphibien und Reptilien aus Klimabereichen, in denen die Temperaturen lediglich etwas sinken, kann man in ihrem Terrarium belassen und für den Zeitraum der etwas kühleren Phase die Beleuchtungs- und Heizdauer reduzieren bzw. Licht und Heizung ausschalten. Dabei sollten jedoch weiterhin Lufttemperaturen von 10 bis 15°C herrschen, und täglich ist leicht zu sprühen. Eine Wasserschale muss weiterhin vorhanden sein.

Die Arten, die in der Natur in eine Winterstarre fallen, müssen kühl (4 – 6 °C) an einer dunklen, ruhigen Stelle überwintert werden.

Kühlschränke, die sonst keiner weiteren Nutzung unterliegen und z. B. im Keller stehen, sind eine inzwischen weit verbreitete Überwinterungsstätte. Man lässt die entsprechenden Tiere zuerst einmal für etwa 2 bis 3 Wochen fasten. Anschließend vermindert man langsam durch Verkürzen der Beleuchtungsdauer und Reduzieren der Heiz-

Stachelleguane benötigen im Winter etwas niedrigere Temperaturen.

quellen im Terrarium die Temperatur. Ziehen sich die Tiere in ihre Verstecke zurück, überführt man sie nach einigen Ruhetagen in geräumige Kunststoffdosen o. ä. Zur Belüftung sollten sich darin einige Luftlöcher befinden. Diese Überwinterungsbehälter sind zu zwei Dritteln mit einem lockeren, leicht feuchten Substrat (Sand/Torf-Gemisch, Torfmoos, Schaumstoffwürfel usw.) zu füllen. Amphibien kann man recht gut in feuchtem Torfmoos, aber auch zwischen feuchten Schaumstoffwürfeln überwintern. Anschließend stellt man die Behälter an eine kühle Stelle

Praxis | Überwintern

Amphibien und Reptilien, die nicht ruhen wollen, zeigen häufig, dass mit ihnen etwas nicht in Ordnung ist. Sie werden langsam wieder höheren Temperaturen ausgesetzt und eventuell später überwintert. Kranke Exemplare gehören in ein Quarantäne-Terrarium.

Nicht alle Wasser-
schildkröten-
Arten darf man
überwintern!

(ca. 10 °C). Haben die Tiere sich in das
Substrat eingegraben, bringt man die
Behälter ein bis zwei Tage später an den
Überwinterungsort. Dort sollte die Temperatur möglichst nicht längere Zeit
über 6 °C steigen. Da das Substrat immer
wieder etwas angefeuchtet werden
muss, wird eine Flasche mit Wasser
ebenfalls im Kühlschrank aufbewahrt.

Eine 14tägige Kontrolle lässt auch Frisch-
luft in die Behälter. Hat sich an den
Wänden der Überwinterungsbehälter
Kondenswasser gebildet, ist dieses mit
Fließpapier unbedingt zu entfernen.

Auswintern

Die Auswinterung erfolgt in umge-
kehrter Reihenfolge: Man stellt den
Überwinterungsbehälter mit den Tieren
erst einmal in ihr unbeleuchtetes und
unbeheiztes Terrarium, in dem sie nun
langsam erwachen. Wenn man am
folgenden Tag den Behälter öffnet, klettern Frösche, Salamander, Echsen und
Schlangen einige Zeit später heraus und
suchen im Terrarium erst einmal ein
Versteck auf. Erwachte Schildkröten
sind ebenfalls nun in ihr Terrarium zu
setzen. Nach etwa 2 bis 3 Tagen schaltet
man den ersten Wärmestrahler an, am
darauffolgenden Tag die Beleuchtung.

Europäische Land-
schildkröten ver-
kriechen sich zur
Überwinterung
gerne in Buchen-
laubhaufen.

Terrarientiere vermehren

Bei der Haltung von Amphibien und Reptilien muss es das oberste Gebot sein, sie auch in Menschenobhut zu vermehren. Denn leider werden im Handel immer noch Wildfänge angeboten, die ihren natürlichen Lebensräumen entnommen wurden. Dabei ist eigentlich kaum etwas interessanter, als die in Terrarien gehaltenen Tiere bei der Fortpflanzung zu beobachten. Die Werbung um einen Partner, die Paarung und Entwicklung der Nachkommenschaft zeigt dem Beobachter so viele interessante Verhaltensweisen, die man in der Natur kaum einmal erleben kann. Bei der Beobachtung in Terrarien konnten viele Geheimnisse um die Lebensweise jener Tiere gelüftet werden.

Oberes Bild:
Spornschildkröten
bei der Paarung

Unteres Bild:
Schlüpfende
Spornschildkröten

Geschlechtsreife

Mit der Entwicklung von Ei- und Samenzellen sind Amphibien und Reptilien geschlechtsreif und damit zur Erhaltung der Art befähigt. Häufig erkennt man bereits an der Änderung vom Jugendkleid zur eigentlichen arttypischen Erwachsenenfärbung, an stärker ausgebildeten Körperanhängen, an neu hinzukommenden Verhaltensweisen usw., dass sich bei dem jeweiligen Tier etwas verändert hat. Bei der großen Artenvielfalt von Amphibien und Reptilien geht die Reproduktion von Nachkommen auf recht unterschiedliche Art und Weise vonstatten. Eine besonders bemerkenswerte Vermehrungsart ist die der Parthenogenese.

Parthenogenese

Die so genannte „Jungfernzeugung" ist in der Tierwelt wohl die extremste Form der Schaffung von Nachkommen. Dazu befähigt sind zum Beispiel Blattläuse, Schnecken, einige Fischarten sowie Eidechsenarten. Bei dieser ein-

geschlechtlichen Vermehrung entwickelt sich aus einer unbefruchteten Eizelle (diploider Chromosomensatz) und ohne Kontakt mit Samenzellen ein Embryo. Durch bestimmte Hormone wird der unbefruchteten Eizelle eine Befruchtungssituation „vorgespielt", worauf diese sich zu teilen beginnt und zu einem Organismus heranreift. Auf diesem Wege entstehen aber immer nur Weibchen, denn eine Geschlechtsdifferenzierung ist so nicht möglich. Treffen nun solche Weibchen auf ein Männchen, was relativ selten vorkommt, und es kommt zu einer Paarung, dann treffen haploide Samenzellen auf diploide Eizellen und es entstehen befruchtete Eizellen mit triploidem (dreifachem) Chromosomensatz. Auch bei den Nachkommen mit einem triploiden Chromosomensatz ist keine Geschlechtsdifferenzierung möglich.

Manche Kaukasischen Felseneidechsen vermehren sich durch Jungfernzeugung.

> **Info** | **Parthenogenese**
>
> In fast allen Echsen-Familien gibt es Arten, die sich durch Parthenogenese fortpflanzen können. Bei der Kennzeichnung parthenogenetischer Eidechsen hat man sich darauf geeinigt, jene Arten in Anführungsstriche zu setzen.

Die Paarungszeit

Die meisten Amphibien- und Reptilienarten sorgen in einem zeitlich begrenzten Zeitraum für ihre Nachkommenschaft. Bei Arten aus den gemäßigten Klimabereichen geschieht dies meistens im Anschluss an die Überwinterung. Gewöhnlich gehen der eigentlichen Paarung einige interessante Rituale voraus, die beide Partner aufeinander einstimmen sollen. Dabei weisen viele Amphibien, vor allem aber Reptilien, während der Werbung (Balz) eine enorme Vielfalt unterschiedlichster Verhaltensweisen auf, die der Halter der entsprechenden Tiere kennen sollte. Denn das Balzverhalten zeigt dem Halter bereits, dass es bei seinen Tieren zu der gewünschten Fortpflanzung kommen kann, sofern die übrigen Bedingungen stimmen.

Rollschwanzleguane (*Leiocephalus carinatus*) „rollen" während des Drohens und bei der Balz heftig mit ihrem Schwanz.

Balz

Das Balzverhalten dient dazu, dass die möglichen Partner ihre Aggressionen gegen den eigentlichen „Nahrungs- und Territorialkonkurrenten" erst einmal abbauen. Dies wird einerseits optisch (Gestalt, Farben, Schlüsselreize, Erkennen des Balzrituals) als auch oft durch sexuelle Duftstoffe ermöglicht. Arten aus tropischen und subtropischen Bereichen geraten häufig in Regenzeiten oder nach einer Veränderung der Beleuchtung (Beleuchtungsdauer, -stärke, längere UV-Licht-Strahlungen usw.) in Fortpflanzungsstimmung. Oft erkennt der mögliche Partner (aber auch der Pfleger) bereits an der intensiveren Färbung oder dem Auftreten arttypischer Färbungsmuster, wie z. B. der

Balzrituale

Das stark ritualisierte Balzverhalten vieler Reptilien gleicht oft erst einmal dem Verhaltensmuster des Imponier- und Drohverhaltens. So nähern sich bei zahlreichen Echsenarten die Männchen den Weibchen zunächst mit nickenden Kopfbewegungen, Sich-groß-machen durch Abplatten der Körperseiten, Vergrößern der Kehlregion durch Aufblähen oder Abspreizen der Kehlhaut, Schwanzschlängeln oder Schwanzrollen. Dornschwanzagamen beginnen ihre Balz mit liegestützartigen Bewegungen (Rumpfschaukeln), die später durch den sogenannten Kreiseltanz abgelöst werden. Man kann also dem Balzverhalten mehrere Stufen entnehmen, die der Partnerin bekannt bzw. artspezifisch sind. Schließlich haben sich am Ende des Balzverhaltens die beiden Geschlechter aufeinander abgestimmt, das heißt, sie synchronisieren während der Balz ihre Handlungsbereitschaft. Zuvor zögern Weibchen oft, ob sie dem bedrohlich wirkenden Männchen lieber aus dem Weg gehen sollen. Voraussetzung einer erfolgreichen Balz ist also auch die Paarungsstimmung des Weibchens. Das auserwählte Weibchen muss auch paarungsbereit sein.

Anolismännchen machen durch ihre Kehlfahne auf sich aufmerksam.

Auch durch Aufblähen kann man auf sich aufmerksam machen.

Junge Rollschwanzleguane rollen bei Nervosität bereits ihren Schwanz.

blauen Kehle bei männlichen Smaragdeidechsen *(Lacerta viridis)*, dass die Fortpflanzungszeit angebrochen ist. Bei landbewohnenden Froschlurchmännchen sind es gewöhnlich die arttypischen Rufe, mit denen sie Weibchen zu sich locken wollen. Diese Rufe zeigen auch dem Halter, dass sich bei seinen Fröschen etwas tut.

> **Info** | **Paarungsbereitschaft**
>
> Paarungsunwillige Reptilien-Weibchen werten die Balz als Bedrohung und flüchten. Unentschiedene Weibchen zeigen diese Stimmung oft durch eine verlangsamte Flucht an, und ihre Paarungsbereitschaft häufig durch so genannte Demutsgebärden.

Die Paarung

Bei Amphibien gibt es die unterschied-
lichsten Fortpflanzungsmethoden.
Am einfachsten ist sie bei Froschlurchen: Folgen Froschlurch-Weibchen
den Rufen der Männchen, kommt es
bei einer Begegnung bald drauf zu
einer Umklammerung (Amplexus).
Anschließend wird je nach Art im
Wasser oder an Land gelaicht. Bereits
während der Laichabgabe oder danach
besamt das Männchen die Eier.
Harmonisiert ein Reptilien-Paar und
das Weibchen lässt sich auf das Balzverhalten des Männchens ein, kommt
es meist auch zur Paarung. Zuvor beißen Echsen-Männchen das Weibchen
je nach Echsenfamilie, Gattung und
Art oft in den Nacken-, Flanken- oder

Schulterbereich (z. B. Iguanidae, Agami-
dae oder Chamaeleonidae mit einigen
Abweichungen), legen einen Hinter-
fuß quer über ihre Beckenregion und
schieben ihre Kloake näher an die des
Weibchens.
Bei einem weiteren Paarungstyp kriecht
das Männchen quer über den Rücken
bzw. die Flanken des Weibchens, beißt
sich dort fest und biegt den Körper so
weit herum, dass sich seine Kloakenregion der des Weibchens nähert. Dabei
wird häufig ein Hinterbein quer über
die Schwanzwurzel der Partnerin gelegt
(z. B. Teiidae, Lacertidae). Der Nackenbiss wird im übrigen als der ursprüng-
lichere, der Flankenbiss als abgeleiteter
Typ gewertet.
Bei Schlangen verläuft die Paarung
ähnlich, aber aufgrund der fehlenden
Gliedmaßen einfacher. Nach entspre-

chendem Balzverhalten versuchen beide Partner, die Kloakenregionen miteinander zu verbinden.

Das Paarungsbemühen des Männchens wird vom Echsen- bzw. Schlangenweibchen dadurch unterstützt, dass es seinen Schwanz etwas anhebt und seine Kloake an die des Männchens drückt, sodass der Kloakenkontakt hergestellt werden kann. Jetzt können die Männchen einen der beiden Hemipenisse in die weibliche Kloake gleiten lassen und Spermien übertragen.

Schildkrötenmännchen reiten zur Paarung auf und geben je nach Art dabei fauchende bis fast pfeifende Laute von sich. Schildkröten besitzen nur einen Penis, der in Ruhe in ihrem Schwanz eingelagert ist. Schildkrötenmännchen haben deshalb einen dickeren Schwanz.

Info | **Samen auf Vorrat**

Viele Reptilienweibchen können weiterhin befruchtete Eier legen, auch wenn lange Zeit vorher keine Paarungen mehr stattgefunden haben. Diese Beobachtungen führten zu dem Schluss, dass die Weibchen zumindest bestimmter Schildkröten-, Schlangen- und Echsenarten offenbar in der Lage sind, nach einer Paarung einen Teil der Samenzellen längerfristig im Bereich der Geschlechtsorgane zu lagern. Die Anzahl befruchteter Eier nimmt dabei aber von Gelege zu Gelege immer mehr ab. Durch diese „Amphigonia retardata" (Vorratshaltung) kann eine Tierart einen neuen Lebensbereich besiedeln, da hierfür lediglich ein Weibchen erforderlich ist, das einen Samenvorrat mit sich trägt.

Ringelschildechsen bei der Paarung

Arten der Entwicklung

Amphibieneier entwickeln sich im feuchten Milieu zu Larven (Frösche: Kaulquappen), die nach einer Metamorphose vom Wasser- (Kiemenatmung) zum Landtier (Lungenatmung) werden. Auch das Fortpflanzungsverhalten vieler Reptilienarten ist äußerst interessant. Dabei gibt es ganz unterschiedliche Reproduktionsmöglichkeiten.

Oviparie

Viele Reptilienweibchen legen Eier, die je nach Art entweder rund, elliptisch oder annähernd walzenförmig geformt sind. Zudem kann auch die äußere Eihülle sehr unterschiedlich beschaffen sein. Weichschalige Eier fühlen

Eine Ringelschildechse bei der Eiablage.

sich ledrig-pergamentartig an. Ihre Schalen sind von organischer Beschaffenheit, das heißt, sie bestehen zum Großteil aus einem dichten Geflecht aus Proteinfasern (organische Schalen). Offenbar entwickelten sich aus diesem Grundtyp die dünnen, durchsichtigen Eihüllen der sogenannten „lebendgebärenden" Arten. Die Hüllen weichschaliger Eier bleiben während der gesamten Embryonalentwicklung flexibel. Mit zunehmender Masse des Embryos nehmen sie an Volumen und Gewicht deutlich zu.

Hartschalige Eier sind nach dem Austritt aus der Kloake noch weich. Ihre Schale besteht zum Teil aus Calcit (anorganische Schalen) und härtet deshalb an der Luft relativ schnell aus. Manch-

mal bleiben hartschalige Eier einige Zeit klebefähig und können sich fest mit einer Unterlage verbinden, oder es bleiben Sandkörnchen oder andere Substrate daran haften und unterstützen somit die Stabilität.

Ovoviviparie

Jene Reptilienarten bezeichnet man auch als „eilebendgebärend". Der Vorteil für die Nachkommen besteht darin, dass sie während der Embryonalentwicklung im mütterlichen Körper bleiben. Die Weibchen tragen die Eier im Körper mit sich und bieten ihnen dadurch Schutz vor Feinden, vor dem Austrocknen usw. Außerdem können die Weibchen in weniger günstigen Klimabereichen stets die wärmsten Stellen aufsuchen. Vor allem viele Vipernarten sind als „eilebendgebärend" bekannt.

> **Info**　Schlupf oder Geburt?
>
> Bei ovoviviparen Reptilien schlüpfen die Jungtiere kurz vor oder während der Eiablage, so dass man oft glaubt, echte „Lebendgebärende" vor sich zu haben.

Viviparie

Der Fötus bzw. der spätere Embryo erhält gewöhnlich ausschließlich aus dem Eidotter seine Nahrung. Eine engere Wechselbeziehung zwischen mütterlichem und embryonalem Organismus besteht in der Regel nicht. Bei viviparen Weibchen sind die Schalendrüsen in den Eileitern meist verkümmert, denn die Embryonen entwickeln sich vollständig in ihrem Körper. Bei ihnen hat sich die Eischale manchmal nur rudimentär erhalten. Dadurch wird auch der Sauerstoffaustausch zwischen dem Embryo und dem Weibchen erleichtert. Bei sehr hoch entwickelten viviparen Arten beziehen die Embryonen die Nährstoffe nicht mehr völlig aus der Dottermasse, sondern einen Großteil davon von der Mutter.

Oberes Bild:
Bergeidechsen „gebären" lebende Jungtiere

Unteres Bild:
Eine soeben „geborene" Bergeidechse

Eiablage und Brutpflege

An der zunehmenden Leibesfülle, bei der sich manchmal die Eier sogar an den Flanken der Echsen und Schlangen durch entsprechende Wölbungen abzeichnen, erkennt man trächtige Weibchen leicht.

Bald suchen trächtige ovipare Reptilien-Weibchen nach einem geeigneten Eiablageplatz, der die notwendigen Temperaturen und die entsprechende Feuchtigkeit bietet. Gewöhnlich prüfen die Weibchen vor der Eiablage sehr kritisch mit der Schnauze die Beschaffenheit des Bodens. Dann schieben oder graben sie eine kleine bis mittlere Mulde oder Grube, um darin die Eier abzulegen. Diverse Reptilienarten legen ihre Eier auch frei in eine Nische unter einem Stein, einer Wurzel oder zwischen Laub und Zweigen auf dem Boden ab. Baum- und Mauerbewohner nutzen dort auch vorhandene Höhlen und Fugen.

> **Info** | Gelegegröße
>
> Die Anzahl der Eier eines Geleges ist je nach Reptilienart unterschiedlich. Sie umfasst jedoch meist mehr Eier als bei den sogenannten „lebendgebärenden" (ovoviviparen) Arten. Aber auch bei Amphibienarten ist die Gelegegröße sehr unterschiedlich.

Nach der Befruchtung gleiten die Reptilieneier an den Schalendrüsen vorbei und erhalten ihre artspezifische Eihüllen. Bei madagassischen Taggeckos (Phelsumen), aber auch bei einigen andere Geckogattungen, kleben die Weibchen anschließend häufig ein weiteres Ei an das erste, so dass ein sogenanntes Doppelei entsteht. Manche Gecko-Weibchen legen mit anderen Weibchen ihre Eier gemeinsam in kleine Mauer- oder Baumhöhlen.

Linkes Bild:
Hochträchtiges
Glattkopf-Leguan-
Weibchen

Rechtes Bild:
Vor der Eiablage
gräbt es einen
Gang unter einen
Stein.

Brutpflege

Reptilienweibchen bemühen sich, ihre Gelege an einem Ort zu deponieren, der den Embryonen gute Entwicklungsmöglichkeiten bietet (Brutfürsorge). Es gibt auch einige Reptilienarten, bei denen die Weibchen darüber hinaus auch noch so etwas wie Brutpflege betreiben. Von nordamerikanischen Skinken der Gattung *Eumeces* ist bekannt, dass die Weibchen ihre Gelege bewachen und behüten. Auch einige Schleichenweibchen *(Ophisaurus apodus, O. ventralis)* bleiben bei ihrem Gelege und umringeln es. Bei einigen *Eumeces*-Weibchen konnte man auch eine weitergehende Brutpflege beobachten. Bei Gefahr, dass die Eier an einer durch Niederschläge plötzlich zu feucht gewordenen Stelle verderben, tragen sie die Eier mit dem Maul an eine andere Stelle. Freigelegte Eier werden wieder sorgfältig getarnt, ver-

dorbene Eier vom Weibchen entfernt und dadurch das übrige Gelege vor einer Verpilzung o. ä. bewahrt. Ähnliches konnte man auch bei einigen australischen Skinken (*Calyptotis scutirostrum, Leiolopisma zia* u. a.) beobachten. *Eumeces obsoletus*-Weibchen bleiben ebenfalls in der Nähe des Geleges und überwachen auch das Schlüpfen der Jungtiere. Durch Pressen der Eischale animieren sie sogar zum Schlupf und fordern die Schlüpflinge durch Anstoßen mit der Schnauze zu ihren ersten Bewegungen auf. Darüber hinaus bleiben Mutter und Jungtiere noch über eine Woche zusammen, bis die Jungtiere dann ihrer eigenen Wege gehen. Weibchen des Buntwarans, *Varanus varius*, legen ihre Eier in Termitenbauten und verschließen den Eingang wieder. Zur Zeit des Schlüpfens scharren sie dann in den Termitenbau Flucht- und Geburtstunnel, damit die Jungtiere diesen verlassen können.

Nach der Eiablage wird der Gang wieder verschlossen.

Reptilieneier bergen

Trächtige Reptilienweibchen suchen schon einige Zeit vor der Eiablage nach einem geeigneten Eiablageplatz. Manche Bodenbewohner unter ihnen nehmen auch gerne Eiablageboxen an, wenn sie neben leicht feuchtem Substrat auch die geeigneten Temperaturen (ca. 25 – 30 °C) bieten.

Aber oft legen Reptilienweibchen im Terrarium unbemerkt Eier ab, die der Halter nicht so leicht findet. Ein Hinweis, dass Echsen- und Schlangenweibchen Eier abgelegt haben, sind ihre nun deutlich eingefallenen Flanken. Nun muss das Gelege gesucht werden, denn obwohl Echsen- und Schlangen-, aber auch Schildkröten-Eier sich auch innerhalb eines Terrariums entwickeln können, besteht immer die Gefahr, dass das Gelege durch weitere Grabetätigkeiten oder einfach durch die Aktivitäten der Tiere zerstört wird. Über fest an einer Unterlage haftende Eier, wie z. B. diverse Gecko-Eier, installiert man ein Gitter (z. B. Teesieb), um sie zu schützen. Alle Reptilieneier sollte man künstlich bebrüten. Dazu ist es erforderlich, vergrabene Gelege erst einmal im Terrarium zu finden und zu bergen. Mit einem kleinen Löffel und einem weichen Pinsel werden die Gelege oder einzelne Eier vorsichtig freigelegt. Und um die Position der Eier nicht versehentlich zu verändern bzw. wieder korrigieren zu können, markiert man bei hartschaligen Eiern die Oberseite behutsam mit einem weichen Bleistift, z. B. durch ein Kreuz oder das Ablagedatum. Bei weichschaligen Eiern kann man dunkles Pulver etwa von einer Bleistiftmine

Das Gelege ist vorsichtig freizulegen.

Anschließend birgt man die Eier.

abschaben und auf den höchsten Punkt der weichen Schale rieseln lassen. Dort bleibt gewöhnlich etwas haften und markiert den höchsten Punkt.

Nun überführt man die freigelegten Eier, ohne ihre Lage zu verändern, vorsichtig in einen Brutbehälter. Da der Dotter ein höheres spezifisches Gewicht als das Zytoplasma hat, sinkt der Dotter nach der Eiablage langsam nach unten und der Keimling (Embryo) gelangt nach oben. Auf dem Dotter „wächst" er fest und hat nun die Schale über sich

mit einem entsprechenden Luftvorrat. Außerdem kann hier der Gasaustausch besser stattfinden. Bei einer Lageveränderung sterben die Embryonen in den Eiern ab, da sie ihre Lage nicht aktiv korrigieren können. Durch Drehungen gerät auch die Dottermasse in Bewegung und führt oft zum Zerrreißen der Eihäute. Selbst fertig entwickelte Jungtiere kurz vor dem Schlupf können nach einer Lageveränderung noch absterben. Daher ist es zu empfehlen, jedes Ei einzeln in einem Brutbehälter (Grillendose o. ä.) zu bebrüten, denn oftmals werden benachbarte Eier von

> **Praxis** | **Eier kennzeichnen**
>
> **Auf keinen Fall darf man zum Markieren von Reptilieneiern einen Filzstift o. ä. nehmen, da die Flüssigkeit auf die Embryonen toxisch wirken könnte. Bleistift ist unbedenklich.**

schlüpfenden Jungtiere unbeabsichtigt in ihrer Lage verändert.
Bemerkenswert ist, dass viele Gecko-Eier auch noch lange nach der Ablage problemlos gedreht und gewendet werden können und es dennoch zum Schlupf gesunder Jungtiere kommt.

Das Gelege in einem Brutbehälter

Reptilieneier bebrüten

Brutbehälter

Unter Terrarienfreunden ist es weit verbreitet, Grillendosen als Brutbehälter zu verwenden. Man füllt sie einige Zentimeter hoch mit einem leicht feuchten Substrat. Das Substrat sollte recht luftdurchlässig sein, weshalb sich rundkörniger Sand, feiner Kies, ein Gemisch aus Sand, Blumenerde und Torf eignet.

In das Substrat drückt man flache Mulden und bettet die Eier etwa zu einem Drittel so in das Substrat, dass der Großteil von Luft umgeben ist. Fest an einer Unterlage haftende Eier überführt man mit der Unterlage in den Behälter, sofern dies überhaupt möglich ist.

Im Umfeld der Eier sollte die Luft möglichst sauerstoffreich sein. Da man hin und wieder die Eier oder den Zustand

Praxis | **Brutsubstrat**

Grobkörniges Vermiculite und Perlite aus dem Terrarienfachhandel eignen sich besonders gut als Brutsubstrat. Das Material ist leicht, kann Feuchtigkeit gut speichern und die Zwischenräume gewährleisten eine gute Luftzirkulation.

des Substrates kontrollieren muss und dabei die Brutbehälter öffnet, findet dabei automatisch ein Luftaustausch statt.

Brutklima

Für die Entwicklung der Eier sind die Feuchtigkeit und Temperatur des Substrats von entscheidender Bedeutung. Die Temperaturen dürfen sich nur in einem bestimmten Bereich bewegen, da sonst die Embryonen absterben. Auch darf das Substrat für die Eier nicht zu trocken oder zu feucht sein, da sonst Ei oder Embryo eintrocknen bzw. zu viel Feuchtigkeit aufnehmen.

Besonders bei weichschaligen Eiern, wie z. B. bei denen vieler Sumpfschildkröten (*Emys, Chrysemys, Pseudemys, Trachemys*) oder Dornschwanzagamen (*Uromastyx spec.*) erkennt man schnell, ob die Umgebungsfeuchte zu niedrig oder zu hoch ist: Bei zu niedriger Feuchtigkeit schrumpfen die Eier oder fallen stellenweise etwas ein, bei zu hoher dehnen sie sich aus. Durch das Zufügen oder Verringern von Feuchtig-

Eine Grillendose als Brutbehälter

Auch bei Wasser-
schildkröten ist die
Feuchtigkeit bei der
Eientwicklung ein
wichtiger Faktor.

keit – rechtzeitig erkannt – lässt sich dies häufig noch korrigieren. Mit einer Spritze kann man etwas Wasser in das Substrat geben, ohne die Eier jedoch direkt zu benetzen. Und mit Fließpapier ist Kondenswasser regelmäßig von den Wänden der Brutbehälter zu entfernen.

Für die künstliche Bebrütung sind genaue Inkubationsbedingungen und -ergebnisse die wohl wichtigsten Informationen. Deshalb sollte jeder Reptilienhalter auch bemüht sein, seine eigenen Inkubationserfahrungen und -methoden anderen möglichst präzise zu beschreiben und zugänglich zu machen.

Praxis | Ei-Entwicklung

Während ihrer Entwicklung nehmen die Embryonen an Masse zu. Dadurch werden – vor allem weichschalige – Eier deutlich voluminöser. Sie „wachsen". Dies ist ein sicheres Zeichen, dass sich die Eier entwickeln. Abweichend verfärbte Eier oder solche, auf deren Oberfläche sich eine schleimige Schicht zu bilden beginnt, sind meist unbefruchtet und beginnen zu verfaulen. Werden sie nicht rechtzeitig entfernt, können sie dem gesamten Gelege schaden. Denn während sie verfaulen, bilden sich Gase, die die verdorbenen Eier zum Platzen bringen können.

Die Entwicklung

Entwicklungsdauer

Die Entwicklungsdauer der Eier ist von
Art zu Art recht unterschiedlich. Es gibt
Reptilienarten, bei denen die Entwicklung im Ei nur etwas mehr als einen
Monat dauert. Bei anderen kann sie bis
zu einem Jahr und sogar länger dauern.
Bei einigen Chamäleons legen die Embryonen während der Entwicklung bei
relativ niedrigen Temperaturen eine
physiologische Ruhephase (Diapause)
ein. Dies muss man auch bei der künstlichen Bebrütung berücksichtigen, da
sonst Schlupferfolge ausbleiben.
Bei den hier vorgestellten Arten wird
ausführlich auf die Entwicklungsdauer
der Eier eingegangen, aber auch unter
welchen Bedingungen man sie zeitigen
kann.

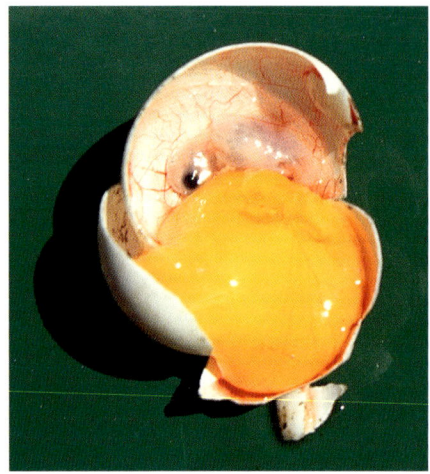

Der Inkubationsort

Die Brutbehälter sind nun an einen Ort
zu stellen, am dem die zur Entwicklung
der Embryonen notwendigen Temperaturen gewährleistet sind. Manchmal
genügt schon eine Stelle im Heizungs-
keller in der Nähe der Ölheizung, oder
man baut sich mit Hilfe eines Aquariums
und eines regelbaren Aquarien-Heiz-
stabes einen einfachen Inkubator oder
nutzt einen ausrangierten Brutapparat
aus einer Klinik o. ä. Es gibt auch Be-

Praxis | Bebrüten

Bei der Bebrütung von weichschaligen
Eiern kann man Heimchendosen zur
Hälfte oder zu einem Drittel mit Vermiculite füllen und mischt dies mit
1,5 Gewichtsanteilen Wasser. (In diesem
Fall besteht also 100 g Brutsubstrat
aus 40 g Vermiculite und 60 g Wasser.)
Durch Gewichtskontrollen lässt sich
jeweils ermitteln, ob Feuchtigkeit
zugeführt werden muss.

Info | Brut-Temperatur

Viele Eier tropischer Arten können bei Temperaturen von 26–32 °C bebrütet werden. Eier von Arten, die ihre Gelege tief vergraben, sind empfindlicher gegen Temperaturschwankungen und sollten bei relativ konstanten Temperaturen von 29–31 °C gezeitigt werden. Die Eier von Arten aus gemäßigten, mediterranen und subtropischen Klimata vertragen dagegen schwankende Inkubationstemperaturen im Tag/Nacht-Rhythmus (tagsüber 28–31 °C, nachts 24–26 °C).

richte, nach denen es möglich ist, unter der Abdeckung eines Aquariums Gelege zu bebrüten. Zuvor sind aber unbedingt zu verschiedenen Tageszeiten Temperaturkontrollen erforderlich. In der Regel verwenden Terrarianer zur künstlichen Inkubation jedoch käufliche Brutapparate wie z. B. die „Kunstglucke". Sie garantiert fast immer gleichbleibende, einstellbare Temperaturen und damit auch große Schlupferfolge.

Viele Terrarianer nutzen zur Inkubation der Gelege eine Stelle im Beleuchtungskasten, da sie durch regelmäßige Messungen festgestellt haben, dass die von den Lampen und Drosseln abgegebenen Temperaturen für diese Zwecke genügen. Außerdem kommt es dort – wie in der Natur – zu leichten Temperaturschwankungen (Tag/Nacht-Rhythmus). Und unter den Nachzuchten befindet sich dann immer eine Anzahl Männchen und Weibchen, im Gegensatz zu den vielen Schlüpflingen gleichen Geschlechts, die ihre Entwicklung unter gleich oder fast gleich bleibenden Temperaturen vollzogen haben (siehe Seite 66).

Bei Stirnlappenbasilisken sind mehrere Gelege im Jahr möglich.

Geschlechtsausprägung

Für viele Terrarianer war es mehr als überraschend, dass sich aus den künstlich bebrüteten Eiern Jungtiere entwickelten, die sich später alle als Männchen oder Weibchen entpuppten. Dies konnte man zwar erst später feststellen, wenn die jeweiligen Nachzuchten ihre Geschlechtsreife erreicht hatten. Und dies kann bei diversen Arten einige Jahre dauern. Aber nun hatte man plötzlich nur männliche Nachkommen, und jene werden gewöhnlich weniger häufig gesucht als Weibchen. Denn Weibchen werden oft nicht so alt wie Männchen, da sie wesentlich gefährdeter sind (Legenot, Überanspruchung durch Männchen, Stress ...). Aus anderen bebrüteten Gelegen entwickelten sich Weibchen oder vorwiegend Weibchen. Erst beim Vergleich der Brutbedingungen (Bruttemperaturen) auch anderer Halter konnte man das Geheimnis lösen.

Die Ausbildung eines weiblichen oder männlichen Individuums entscheiden bei Wirbeltieren gewöhnlich die geschlechtsbildenden Chromosomen. Man kann sie von den übrigen Chromosomen morphologisch recht gut unterscheiden. Auf Reptilien trifft dies offenbar nur bedingt zu. Bei etlichen Arten kann man z. B. die Geschlechtschromosomen von den übrigen morphologisch nicht unterscheiden. Inzwischen weiß man, dass sich bei zahlreichen Reptilienarten die Geschlechtsfixierung während der Embryonalentwicklung beeinflussen lässt. Dieses

Auch Gelege der Rückenstreifen-Zierschildkröte sind in der Entwicklung beeinflussbar.

Phänomen kommt bei Krokodilen, Schildkröten und auch bei Echsen vor. Die Bruttemperaturen in einem bestimmten Zeitraum bestimmen darüber, ob sich nun ein weibliches Geschlecht oder ein männliches Geschlecht entwickelt. Das Rezept ist aber nicht ganz einfach, wie „hohe Bruttemperaturen = Männchen, niedrige Temperaturen = Weibchen" oder umgekehrt. Denn bei niedrigen und höheren Temperaturen entwickeln sich bei einigen Arten Weibchen und in den mittleren Bereichen männliche Nachkommen. Inzwischen wird vermutet, dass das Geschlecht des jeweiligen Reptils am Ende des ersten Inkubationsdrittels durch die Umgebungstemperatur bestimmt bzw. beeinflusst wird. Dies konnte durch gezielte Versuche inzwischen auch bei diversen Arten belegt werden. Daher ist es grundsätzlich sinnvoll, wenn Reptilienhalter über die Inkubationsbedingungen und -ergebnisse bei ihren Reptiliengelegen genaue Daten festhalten und anderen zugänglich machen. Die gebräuchliche Abkürzung TAGA für „temperaturabhängige Geschlechtsausprägung" wird neuerdings durch GD („Geschlechtsdetermination") ersetzt. Bei der durch Temperatureinflüsse beeinflussten Geschlechtsbildung spricht man von einer „phänotypischen", bzw. „temperaturabhängigen GD".

Im übrigen ist das Thema der GD immer noch ein aktuelles Forschungsgebiet, auf dem sich Terrarianer noch ihre Sporen verdienen können. Auch bieten sich hier langfristige Studien an, wenn man sich intensiv mit der Vermehrung einer bestimmten Art beschäftigt.

Junge Rückenstreifen-Zierschildkröte

Der Schlupf

Nach einer bestimmten Zeit hat der Embryo sich zu einem Jungtier entwickelt und es wird ihm im Ei zu eng. Dieser Entwicklungszeitraum wird einerseits durch genetische Vorgaben beeinflusst, aber auch durch die Umgebungstemperatur und -feuchtigkeit. Je höher die Temperatur, um so schneller verläuft die Entwicklung – mit einer bestimmten Einschränkung: die Temperaturen dürfen für einen gewissen Zeitraum einen bestimmten Rahmen weder über- noch unterschreiten. Denn beides führt zum Absterben des Keimlings oder Embryos, ebenso wie eine zu trockene oder feuchte Inkubation. Bei den ovoviviparen (eilebendgebärenden) und den viviparen Reptilien stimmt die Umgebungsfeuchtigkeit im Körper des Weibchens immer; und die

notwendigen Temperaturen sucht das Weibchen durch Sonnenbäder, erwärmte Stellen usw. aktiv selbst auf. Sobald die Embryonalentwicklung erfolgreich abgeschlossen ist, beginnt das Jungtier mit den Schlupfvorbereitungen. Während man vor allem zu Beginn der Entwicklung Eier durchleuchten und eine mögliche Entwicklung erkennen kann, sind vor dem Schlupf vor allem hartschalige Eier auch nicht mehr zu durchleuchten, da das Ei vollständig vom Jungtier ausgefüllt wird. Weichschalige Schildkröten-, Schlangen- und Echsen-Eier fallen oft kurz vor dem Schlupf des Jungtieres etwas ein, und häufig findet man auf der Schale kleine Tropfen. Man spricht davon, dass die Eier „schwitzen".

Schlüpfende Griechische Landschildkröten

Schlüpfende
Europäische
Sumpfschildkröte

Als Schlupfhilfe findet man bei Echsen und Schlangen oft einen Eizahn. Dabei handelt es sich – im Gegensatz zu den auf der Oberhaut gebildeten Eischwielen, die man bei Schildkröten-, Krokodil- und Brückenechsen-Schlüpflingen findet – tatsächlich um echte Zähne, die leicht bogenförmig nach vorne gerichtet im Oberkiefer (Prämaxillare) stehen und von Art zu Art recht unterschiedlich geformt und ausgebildet sein können. Mit diesem Eizahn ritzen oder kratzen die kleinen Echsen oder Schlangen nun die Eihüllen auf und stecken als erstes ihren Kopf aus der dabei entstandenen Öffnung. Anschließend reißen sie das Maul weit auf und füllen dabei ihre Lungen erstmals mit Luft. Jungtiere verbleiben noch so lange in den Eihüllen, bis ihr Dottersack endgültig in der Bauchhöhle verschwunden ist und die Bauchhöhle sich schließt.

Bis es so weit ist, können Stunden aber auch noch bis zu zwei Tage vergehen. Werden sie zuvor gestört oder erschreckt, verlassen sie manchmal zu früh die Eihüllen und ziehen den Dottersackrest hinterher. Dabei werden er und die daran verlaufenden Blutgefäße häufig verletzt. Oder es bleibt oft feines Substrat daran haften und wird mit in die Bauchhöhle gezogen – mit der Folge, dass der Schlüpfling stirbt. Fertig entwickelte Jungtiere werden nun in ein Aufzuchtterrarium überführt.

Tipp | Schildkröten

Schildkröten mit einem Dottersackrest kann man in einen Eierbecher o. ä. überführen, dessen Boden etwas mit Wasser benetzt ist. Die weitere Entwicklung muss im Brutapparat erfolgen.

Die Aufzucht

Die natürliche Selektion

Vor allem nach dem Schlüpfen sind junge Reptilien, aber auch Amphibien, in der Natur für viele andere Tiere eine willkommene Beute. Selbst größere Insekten, Spinnen, Krebse und andere Arthropoden können kleineren Molchen, Fröschen, Echsen, Schlangen und selbst Schildkröten gefährlich werden. Daher überleben in der Natur viele Jungtiere nicht einmal die ersten Tage und Wochen. Mit viel Glück erreichen einige von ihnen aber dennoch die Geschlechtsreife und können nun

selbst zur Arterhaltung schreiten. Man bedenke, dass die Populationsgröße einer Art gleich bleibt, wenn lediglich so viele Jungtiere überleben, dass sie später die Eltern ersetzen. Diesen erheblichen Selektionsdruck gibt es bei der Haltung in Menschenobhut nicht. Daher sollte man unbedingt selbst darauf achten, nur völlig gesunde Amphibien und Reptilien zur Vermehrung einzusetzen.

Kaum ein Frosch- oder Schwanzlurch oder eine Echse, Schlange oder Schildkröte wird in der Natur ihr mögliches Höchstalter erreichen. Zu groß ist der Konkurrenz- und Feinddruck und hinzu kommen noch Verletzungsmöglichkeiten, Krankheiten, Nahrungsmangel und ungünstige Klimaeinbrüche, die ihre Lebensdauer beeinträchtigen. Manche Experten gehen davon aus, dass Reptilien bei guter Pflege im Terrarium etwa doppelt so alt wie in der Natur werden können.

Griechische Landschildkröten (oberes Bild) und Spanische Bachschildkröten verlassen die Nistgrube.

Die Aufzucht der Jungtiere

Kurz nach dem Verlassen der Eihüllen überführt man die Jungtiere in artgerecht eingerichtete und bereits richtig klimatisierte Aufzuchtterrarien, die im Wesentlichen denen der Eltern entsprechen. Um sie besser kontrollieren zu können (Futteraufnahme, Wachstum usw.) dürfen ihre Aufzucht-Terrarien mit Einrichtungsgegenständen nicht zu überladen sein.

Man kann Jungtiere je nach Art entweder einzeln oder in kleinen Gruppen aufziehen. Denn auch in der Natur bleiben Jungtiere nicht zusammen, so dass eine Einzelaufzucht natürlich ist. Außerdem hat die Einzelhaltung den Vorteil, dass man dabei beobachten kann, ob das Jungtier genügend Futter bekommt. Viele Terrarianer ziehen jedoch Jungtiere in kleinen Gruppen auf, damit ihr Futterneid sie motiviert, genügend Nahrung aufzunehmen. Vor

> **Tipp** | **Hygiene**
>
> Bei der Aufzucht von Jungtieren ist besonders sorgfältig auf die hygienischen Bedingungen im Terrarium zu achten.

allem bei jungen Schildkröten hat sich die Gruppenaufzucht bewährt, da bei ihnen kaum mit Aggressionen zu rechen ist. Während der Aufzucht ist auf eine besonders abwechslungsreiche Ernährung zu achten. Das Futter muss auch regelmäßig mit Mineralien, Spurenelementen und Vitaminen angereichert werden, damit es nicht zu Mangelerscheinungen kommen kann. Sobald Jungtiere jedoch untereinander aggressiv werden oder der ein oder andere im Wachstum zurückbleibt, sind sie unbedingt zu trennen. Wie bei den erwachsenen Exemplaren muss auch ein Wassernapf vorhanden sein und – wenn erforderlich – gesprüht werden.

Griechische Landschildkröten bei der ersten Nahrungsaufnahme

Terrarientiere
im Porträt

Amphibien

Allgemeines

Amphibien sind Wirbeltiere, die zoologisch gesehen zwischen den Fischen und den Reptilien stehen. Sie sind wie diese wechselwarme (poikilotherme) Tiere mit nackter, drüsenreicher Haut und mehr oder weniger dem Leben im Wasser oder zumindest in hoher Luftfeuchtigkeit angepasst.

Die heute lebenden Amphibien umfassen etwa 4000 Arten, die man drei zum Teil noch recht unklaren Ordnungen (Schwanzlurche: Caudata, Blindwühlen: Gymnophiona, Froschlurche: Anura) zuordnen kann. Lediglich die Schwanzlurche und die Froschlurche haben terraristische Bedeutung. Amphibien-Terrarien dürfen nur an einem Standort stehen, an dem die Temperaturen im Sommer nicht über 24 °C steigen können. Denn ihre Körpertemperatur ist immer abhängig von den Außentemperaturen. Zudem besitzen viele Amphibien eine nur dünne Haut, die immer leicht feucht bleiben muss, da durch sie auch ein Gasaustausch (Atmung: Sauerstoff/Kohlendioxid) stattfindet. Während ihres Wachstums müssen sich auch Amphibien häuten, wobei sie oftmals ihre alte Haut verzehren. Alle Amphibien fressen ausschließlich tierische Kost, das heißt lebende Beutetiere.

Die Fortpflanzung der Amphibien erfolgt – bis auf wenige Ausnahmen – außerhalb des Körpers. Nach dem Verschmelzen von Ei- und Samenzellen durchlaufen ihre Nachkommen verschiedene Entwicklungsstadien, bis zur Umwandlung vom „Wasserlebewesen" (Kiemenatmung) zum „Landlebewesen" (Lungenatmung). Am Ende der Umwandlung (Metamorphose) gleichen sie äußerlich den Eltern und können nach Erreichen der Geschlechtsreife, die zum Teil schon nach einem Jahr eintritt, selbst zur Fortpflanzung schreiten.

Die Artbeschreibungen

Die folgenden Artbeschreibungen sind immer nach dem gleichen Schema aufgebaut. Zuerst wird die **deutsche Bezeichnung** des Tieres genannt, anschließend die wissenschaftliche. Die **wissenschaftliche Bezeichnung** ist die wichtigere, da es oft mehrere deutsche Bezeichnungen gibt, die wissenschaftliche Bezeichnung jedoch weltweit gilt.

Kuba-Laubfrosch
in Lauerstellung

Fressender Krokodilmolch

Info	Abkürzungen
GL	Gesamtlänge
KRL	Kopf-Rumpf-Länge
GF	Grundfläche
LT	Lufttemperatur
LF	relative Luftfeuchtigkeit
WT	Wassertemperatur

Es folgen Angaben, welcher **Terrarientyp** für eine artgerechte Haltung erforderlich ist bzw. was es zu beachten gilt. Auch dem notwendigen **Klima** im Terrarium wird Beachtung geschenkt, ebenso dem **Futter** und der **Vermehrung**. Zuletzt erfolgen Hinweise, welche Arten **Ebenso zu halten** sind.

Goldbaumsteiger am Eingang eines Laichplatzes

Anschließend gibt es Angaben zur erreichbaren **Gesamtlänge** (GL) der Tiere, teils auch zur Kopf-Rumpf-Länge (KRL). Es folgen Angaben zum **Verbreitungsgebiet**, damit der Halter sich über die klimatischen Verhältnisse informieren kann. Dann folgen Angaben **zur Lebensweise**, woraus sich der notwendige Terrarientyp ableiten lässt.
Über die **gesetzlichen Bestimmungen** sollte der Halter ebenfalls informiert sein, um nicht mit dem Gesetz oder anderen Bestimmungen in Konflikt zu geraten.
Danach erfolgt eine **Beschreibung** der jeweiligen Amphibienart.

Bergmolch
(Triturus alpestris)

Gesamtlänge Bis knapp 12 cm.
Verbreitung und Lebensweise Die Haupt-
verbreitungsgebiete liegen in Mittel-
und Südosteuropa. Einige Unterarten
leben in Verbreitungsinseln in Nordost-
spanien und Norditalien. Vom Frühjahr
bis in den Frühsommer leben die Bergmolche in stehenden, selten leicht
fließenden Gewässern. Anschließend
beginnen sie ihr Landleben. Bis zur
Überwinterung halten sie sich meist
unter liegenden Stämmen, Steinen und
ähnlichem auf, wo es leicht feucht sein
muss.
Gesetzliche Bestimmungen Man benötigt über den rechtmäßigen Erwerb
einen Herkunftsnachweis. Das heißt,
man muss sich vom Verkäufer eine
Bescheinigung ausstellen lassen, aus
der hervorgeht, dass es sich um legal
gehaltene Tiere handelt. Finden sich
im Gartenteich von selbst Bergmolche
oder andere Molche ein, darf man sie
nicht in ein Terrarium überführen,
da es sich um geschützte Amphibien
handelt. Es gibt jedoch genügend

Halter und Züchter, von denen man
die Molche legal erwerben kann.
Beschreibung Vor allem während der
„Wasserzeit" sind die Männchen in
marmorierten Blautönen sehr attraktiv.
Über die Rückenmitte zieht sich bei der
Landtracht eine schwarzgelb gebänderte, häutige Rückenleiste, die während
der Wasserzeit deutlich höher ist.
Die Flanken sind silberweiß und mit
schwarzen Punkten besetzt. Ein hell-
blauer Seitenstreifen verläuft unter-
halb des Bandes. Von ihm wird die
orangerote Bauchfärbung abgegrenzt.
Weibchen besitzen nur eine schlichte
Marmorierung auf der Oberseite, beste-
hend aus Grau- bis Olivtönen. Ihre
Bauchseite ist dottergelb bis orange. Sie
werden etwas größer als die Männchen.
Terrarium 1 oder 2. GF 50 x 30 cm;
nach Landgang besser Freilandhaltung
(2 x 2 m).
Klima Im Frühjahr bis Frühsommer
Temperaturen von 15 – 22 °C, anschließend bis zur Überwinterung etwa
15 – 20 °C. Überwinterung bei 4 – 6 °C in
feuchtem Torfmoos an einer dunklen
Stelle.
Futter Im Wasser: Regenwürmer,
Mückenlarven, Wasserflöhe, Tubifex.
An Land: Regenwürmer, kleine Nacktschnecken, Fliegenmaden. Vor allem
Jungtiere können nur sehr kleine Futtertiere vertilgen.
Vermehrung Nach der Überwinterung
setzt man die Molche im Frühjahr in
ihr Aquaterrarium mit geräumigem
Wasserteil oder in ein Aquarium mit
zunächst flachem Wasserstand. Haben
sich die Tiere an das Wasser gewöhnt,
kann man den Wasserstand langsam
erhöhen. Das Männchen wedelt dem

Molchlarve mit
Außenkiemen

Fadenmolch-
Männchen

Bergmolch-
Männchen in
Hochzeitstracht

Weibchen mit dem Schwanz Duftstoffe zu und setzt auf dem Boden einen Samenstift ab, den das Weibchen mit der Kloake aufnimmt. Die Befruchtung der Eier erfolgt im Körper. Anschließend legt das Weibchen die Eier einzeln an Wasserpflanzen (Wasserpest, Tausendblatt) und legt schützend Pflanzenteile darum. Die Entwicklung (Ei – Larve – Molch) kann in einem Aquarium stattfinden, wobei nach Ausbildung der Gliedmaßen der Wasserstand erheblich gesenkt werden muss. Holzteile oder Steine erleichtern den Tieren den ersten Landgang, da sie sonst sehr leicht ertrinken können.

Ebenso zu halten Teichmolch *(Triturus vulgaris)*, Fadenmolch *(Triturus helveticus)*, Kammolch *(Triturus cristatus)*, Marmormolch *(Triturus marmoratus)*.

Krokodilmolche

Krokodilmolch
(Tylototriton verrucosus)

Gesamtlänge Bis 20 cm.
Verbreitung und Lebensweise West-
Yunnan (China), Sikkim (Nord-Thai-
land) und Nord-Myanmar, von der Ebene

bis in Mittelgebirgslagen. Krokodil-
molche leben in verschiedenen Feucht-
gebieten der offenen und bewaldeten
Landschaft. Sie führen eine sehr ver-
steckte Lebensweise, auch im Terrarium.
Gesetzliche Bestimmungen Keine. Die
Krokodilmolche können frei gehandelt
werden.
Beschreibung Plumpe Körperform.
Auf der einfarbig dunkelbraunen Ober-
seite befinden sich deutlich hervortre-
tende Knochenleisten. Rippendrüsen,
Kopfseiten und die Zehen sind bei
Jungtieren gelbbraun, bei erwachsenen
Exemplaren hellbraun gefärbt. Das
Schwanzblatt hat meist eine etwas
hellere Grundfarbe. An ihrem breiten
Kopf findet man stark hervortretende
Knochenleisten. Eine weitere Knopf-
leiste beginnt am Kopfende und zieht
bis zur Schwanzwurzel, auf beiden
Flanken befinden sich in Längsreihen
angeordnete Drüsenkegel. Männchen
mit deutlich hervortretender Kloake.
Terrarium 2. GF 60 x 50 cm. Versteckmöglichkeiten bieten. Wasserstand
etwa 8 cm, kleine Unterwasserhöhlen
und Wasserpflanzen (z. B. Wasserpest)
erforderlich. Innenfilter günstig.
Klima LT und WT 16 – 25 °C. Überwinterung von Oktober bis Februar bei
15 °C.
Futter Regenwürmer, Mückenlarven,
Bachflohkrebse, Mehlkäferlarven und
Nacktschnecken an Land.
Vermehrung Nach der Überwinterung
ist die Kloakenregion der Männchen
besonders aufgetrieben. Die Paarungen
erfolgen im Wasser. Die Weibchen
legen die Eier an Wasserpflanzen und
Gegenständen ab. Aufzucht mit Kleinkrebsen einfach.

Feuersalamander
(Salamandra salamandra)

Gesamtlänge 20 bis 25 cm, maximal 31 cm.

Verbreitung und Lebensweise Mittlere und südliche Westpaläarktis: Europa, NW-Afrika, NW-Küste Kleinasiens. Charaktertier der Mittelgebirge. Bevorzugt Bachränder von Laubwäldern. Vorsicht: Kann in zu tiefem Wasser ertrinken!

Gesetzliche Bestimmungen Man muss über den rechtmäßigen Erwerb einen Herkunftsnachweis haben, das heißt, sich vom Verkäufer eine Bescheinigung ausstellen lassen, aus der hervorgeht, dass es sich um legal gehaltene Tiere handelt.

Beschreibung Schwarze Grundfarbe mit zahlreichen gelben Flecken und/oder Längsbändern. Kopf wuchtig, große Ohrdrüsen. Männchen besitzen zur Paarungszeit eine geschwollene Kloakenregion. Die häufiger angebotene Unterart ist relativ gut zu halten.

Terrarium 2 und 3. GF 100 x 50 cm; feuchtes Terrarium für Bodenbewohner, in der Laichzeit Aquaterrarium mit flachem Wasserstand.

Klima LT 15 – 20 °C, hohe Luftfeuchtigkeit. Das Terrarium sollte am besten in einem kühlen Keller stehen. Überwinterung bei 5 °C.

Futter Regenwürmer, Nacktschnecken, Asseln, weiche Insekten.

Vermehrung Die Paarungsspiele sind etwa im April/Mai zu beobachten. Das Männchen schiebt sich unter das Weibchen und setzt Spermaträger ab, die das Weibchen mit der Kloake aufnimmt. Trächtige Weibchen müssen besonders

Feuersalamander

Das Feuersalamander-Weibchen entlässt Larven in das Gewässer.

gut gefüttert werden. Die Larven werden im Frühsommer im Wasser (10 – 15 °C) abgesetzt. Ihre Aufzucht kann in einem Aquarium mit Kleinkrebsen erfolgen. Unbedingt den Wasserspiegel senken, damit sie leicht an Land gehen können!

Tigersalamander
(Ambystoma tigrinum)

Gesamtlänge 15 bis maximal 40 cm.
Verbreitung und Lebensweise Von
Südwestkanada bis Mittelmexiko.
Landsalamander, die sich gerne an
feuchten Stellen in selbst gegrabenen
Erdgängen oder verlassenen Nagerbauten verbergen, aber auch unter Totholz
und flachen Steinen. Die Salamander
haben einen Hang zur Neotenie, das
heißt, sie können im Larvenstadium
verharren und ein Leben als Dauerlarve
führen (so wie Axolotl).
Gesetzliche Bestimmungen Es besteht
keine Meldepflicht. Der Handel ist frei
und ohne Auflagen.
Beschreibung Die Amphibien haben
einen sehr kräftig gebauten Körper. Ihre
Haut ist glatt und glänzend. Je nach
Unterart ist die Grundfärbung oliv,
braun, dunkelbraun, grau oder schwarz.
Darauf findet man unterschiedlich
große, variabel geformte Flecken in
gelblich, gelbbraun, oliv oder schwarz.
Männchen besitzen einen längeren
Schwanz.
Terrarium 2 oder 3. Die Terrarienlänge
muss für 2 Paare etwa die dreifache
Länge des größten Tieres haben. Wühlen gerne im Boden, deshalb eignet sich
auf dem Landteil Torfmoos besonders
gut als Bodengrund. Versteckmöglichkeiten unter hohl liegenden Korkrindenstücken schaffen. Bei Typ 3 eine
flache Wasserschale nicht vergessen.
Klima Wärmeempfindlich, daher ist
kühler Standort erforderlich. Die Temperaturen sollten vom Frühsommer
bis zum Herbst 20 °C nicht überschreiten. In den kühlen Monaten darf sie
nur bei 10 – 12 °C liegen. Im Winter
empfiehlt sich eine Überwinterung bei
ca. 5 °C an einer dunklen Stelle. Dazu
eignen sich verschließbare Eimer mit
leicht feuchtem Torfmoos, in das sich
die Salamander eingraben können.

Fleckensalamander

Tigersalamander

Porträt eines
Tigersalamanders

Futter Neben Tau- und Regenwürmern verzehren sie auch kleine Nacktschnecken, und selbst rohes, mageres Fleisch wird genommen.

Vermehrung Nach der Überwinterung setzt man Männchen und Weibchen in das Aquaterrarium. Bald suchen sie den etwa 20–25 cm hohen Wasserteil auf und das Männchen setzt am Boden Samenträger ab. Durch ständiges Bedrängen treibt das Männchen seine Partnerin zu den Spermatophoren (Samenträger) und diese werden vom Weibchen mit der Kloake aufgenommen. Einen Tag später beginnt das Weibchen bereits mit der Eiablage. Die Eier werden einzeln oder in Klumpen an Gegenstände oder Wasserpflanzen geklebt. Insgesamt kann ein Gelege bis zu 1400 Eier umfassen. Die ersten Larven verlassen nach etwa 2 Wochen die Eihüllen. Schon bei einer Gesamtlänge von ca. 5 cm haben die Larven bereits Gliedmaßen und müssen eine

Möglichkeit haben, das Wasser leicht zu verlassen. Jungtiere hält man wie erwachsene, jedoch muss die Möglichkeit in Betracht gezogen werden, dass sie auch im Larvenstadium verbleiben und weiterhin Wasserbewohner sind. Gewöhnlich sind die Tiere nach 2 bis 3 Jahren geschlechtsreif.

Ebenso zu halten Der Fleckensalamander (*Ambystoma maculatum*) aus den östlichen USA. Wasser und Luft: 18–21 °C, Überwinterung bei 10 °C; sehr fruchtbar.

Chinesische
Rotbauchunke

Riesenunke bei
der Paarung

Chinesische Rotbauchunke
(Bombina orientalis)

Länge 46 bis 60 mm.
Verbreitung und Lebensweise Ost-
Sibirien, Nordost-China (Shantung-
Gebirge, Mandschurei), Korea, Japan.
Sehr stark an Gewässer gebunden,
können kühl (5 – 6 °C) überwintern.
Gesetzliche Bestimmungen Man muss
über den rechtmäßigen Erwerb einen
Herkunftsnachweis haben, also vom
Verkäufer eine Bescheinigung ausstel-
len lassen, aus der hervorgeht, dass es
sich um legal erworbene Tiere handelt.
Beschreibung Die Unken haben eine
bräunliche bis sattgrüne Oberseite mit
zahlreichen schwarzen Flecken. Der
Bauch und die Finger- und Zehenspit-
zen sind orangerot.
Terrarium 1 oder 2. GF für 1 Männchen
und 2 – 3 Weibchen 80 x 40 cm; Aqua-

terrarium mit 6 – 10 cm Wasserhöhe.
Steine oder Wurzeln genügen als Insel
bzw. Landteil. Schwimmpflanzen als
Versteckmöglichkeit.
Klima LT 22 – 25 °C (Sommer), von Mai
bis September kann das Terrarium im
Freiland stehen, nicht vollsonnig!
Überwinterung für 6 bis 8 Wochen bei
4 – 6 °C.
Futter Weiche Insekten wie Grillen,
Heimchen usw.; vor allem Regenwürmer.
Vermehrung Männchen haben nach
der Überwinterung dunkle Brunft-
schwielen an den Armen. Sie umklam-
mern das Weibchen und rufen häufiger
(„Hu-hu-hu…"). Nach einem Luftdruck-
wechsel oder bei Niederschlägen wird
gelaicht. Aufzucht der Larven mit Zier-
fischfutter und zerquetschtem Salat,
Löwenzahn, Algen und zerquetschen
Mückenlarven einfach.
Ebenso zu halten Riesenunke (*Bombina
maxima*).

Goldbaumsteiger
(Dendrobates auratus)

Länge 25 bis 42 mm.

Verbreitung und Lebensweise Beide Küstenbereiche Mittelamerikas. Auf der karibischen Seite: südliches Nicaragua, Costa Rica, Panama bis zum Golf von Uraba in Kolumbien; an der Pazifik-Seite: Costa Rica, Panama, bis Kolumbien. Tagaktive Froschlurche der tiefer gelegenen Regenwälder und Feuchtgebiete. Auch in Sekundärbewuchs. Bevorzugen schattige Stellen und leben vorwiegend in Bodennähe.

Gesetzliche Bestimmungen Man muss über den rechtmäßigen Erwerb einen Herkunftsnachweis haben (vom Verkäufer eine Bescheinigung ausstellen lassen, aus der hervorgeht, dass es sich um legal erworbene Tiere handelt).

Beschreibung Schwarz, bronze oder braun mit Streifen, Bändern oder Flecken in Blau, Blaugrün, Grün, Gelbgrün, hin und wieder Weiß. Die Geschlechter sind kaum zu unterscheiden.

Terrarium 3 oder 4. GF 50 x 40 cm; Kunsthöhlen (z. B. Kokosschale mit Eingang). Zuchtgruppe aus 1 – 2 Männchen und 2 – 3 Weibchen.

Klima 24 – 28 °C, hohe Luftfeuchtigkeit.

Futter Tubifex sowie Zierfisch-Flockenfutter. Jungfröschen bietet man flugunfähige Fruchtfliegen.

Vermehrung Die Weibchen verfolgen die Männchen und laichen in einem Versteck auf glatter Fläche (Bromelienblatt oder schwarze Filmdose) 5 – 23 Eier mit viel Gallerte. Das Männchen besamt das Gelege, bewässert und bewacht es einige Tage. Aufzucht der Larven am besten einzeln in flachen Schalen mit zerkleinerten Mückenlarven und Tubifex sowie Zierfisch-Flockenfutter.

Ebenso zu halten Goldener Giftfrosch (*Phyllobates terribilis*).

Goldbaumsteiger

Blaue Pfeilgift-
frösche

Blauer Pfeilgiftfrosch
(Dendrobates azureus)

Länge 40 bis 60 mm.
Verbreitung und Lebensweise Wald-
inseln der Sipaliwini-Savanne; Surinam,
nördliches Südamerika.
Gesetzliche Bestimmungen Man muss
über den rechtmäßigen Erwerb einen
Herkunftsnachweis haben, eine Bescheinigung, aus der hervorgeht, dass es sich
um legal erworbene Tiere handelt.
Beschreibung Oberseite durch metalli-
sche Blautöne sehr attraktiv. Gliedmaßen meist türkisblau. Rücken und

Kopfoberseite hellblau mit schwarzen
unregelmäßigen Tupfen. Männchen
haben an den Fingern etwas größere
Haftscheiben.
Terrarium 2 oder 3 mit kleinem Wasserteil. GF 60 x 60 cm. Halbierte Kokosnuss-
schalen, schwarze Filmdosen und Bromelien als Einrichtung. Täglich sprühen.
Klima LT 26 – 28 °C, LF ca. 80 %.
Futter Kleinste Insekten und andere
Arthropoden.
Vermehrung Haltung am besten paarweise. Während der Balz sind die brum-
menden Rufe der Männchen kaum
wahrnehmbar. Das Männchen bewacht
und befeuchtet das Gelege an Land und
transportiert auch die Kaulquappen
auf dem Rücken ins Wasser (23 – 25 °C).
Aufzucht am besten einzeln mit Zierfisch-Trockenfutter, Algen und Salat
sowie gehackten Mückenlarven. Die
Metamorphose ist nach etwa 85 – 105
Tagen beendet.
Ebenso zu halten Gelbgebänderter
Pfeilgiftfrosch (*Dendrobates leucomelas*),
Grüner Riesengiftfrosch (*Dendrobates
trivittatus*).

Gelbgebänderter
Pfeilgiftfrosch

Erdbeerfröschchen
(Oophagas pumilio)

Länge 17,5 bis 24 mm.

Verbreitung und Lebensweise Nicaragua, Costa Rica, Panama (bis 1000 m ü. NN.). Regenwaldbewohner. Gewöhnlich in Bodennähe, können aber auch an Bäumen beobachtet werden, auch an langsam fließenden Gewässern.

Gesetzliche Bestimmungen Man muss über den rechtmäßigen Erwerb einen Herkunftsnachweis haben, eine Bescheinigung, aus der hervorgeht, dass es sich um legal erworbene Tiere handelt.

Beschreibung Körperoberfläche rötlich und spärlich schwarz gesprenkelt. Hinterbeine oft dunkelbläulich und schwarz marmoriert. Exemplare aus Panama können völlig anders gefärbt sein. Bei ihnen findet man auf gelbem Grund große braune Flecken und sie haben fein gepunktete Gliedmaßen.

Terrarium 2 oder 3 mit kleinem Wasserteil. GF 50 x 40 cm. Dicht bepflanzen, Kokosnussschale als Laichhöhle und Bromelien.

Klima LT 23 – 29 °C, LF 80 – 90 %.

Futter Winzige Arthropoden, vor allem flugunfähige Fruchtfliegen.

Erdbeerfröschchen

Vermehrung Männchen lockt Weibchen durch seine speziellen Rufe („Quärr-Laute"). Weibchen folgt gerne auf Eichenblätter und andere glatte Flächen. Beide befeuchten immer wieder das 6 – 16 Eier umfassende Gelege. Weibchen transportiert auf dem Rücken die Kaulquappen zu wassergefüllten Bromelien-Blattachseln. Die Larven leben kannibalisch und müssen einzeln aufgezogen werden! Sie werden in der Natur vom Weibchen durch Nähreier (unbefruchtete Eier) ernährt.

Ebenso zu halten Granulierter Pfeilgiftfrosch (*Dendrobates granuliferus*).

Larventransport

Amerikanischer Laubfrosch
(Hyla cinerea)

Länge 60 bis 65 mm.
Verbreitung und Lebensweise SO-Staaten der USA. Vor allem Busch- und Baumbewohner. Dämmerungsaktiv.
Gesetzliche Bestimmungen Keine Auflagen, kann frei gehandelt werden.
Beschreibung Typische Laubfroschform mit glatter Haut, graugrün bis leuchtend grün, selten braun. Teils helle Tüpfel auf dem Rücken. Das cremefarbene Flankenband kann schwarz gesäumt sein.
Terrarium 4. GF 60 x 50 cm mit vielen Kletterästen und kleinem Wasserteil.
Klima LT 22 – 28 °C, WT 23 – 25 °C. Im Herbst sollte man die Frösche 2 – 3 Wochen fasten lassen, Beleuchtung und Wärmequellen ausschalten und sie bei etwa 18 °C etwa 2 – 3 Monate sehr feucht überwintern.

Futter Insekten aller Art, vor allem fliegende und weiche Insekten, aber auch andere Arthropoden.
Vermehrung Nach der Überwinterung schaltet man die Beleuchtung und Wärmequellen stufenweise wieder ein. Sehr häufig sprühen. Wenn die Männchen mit Rufen beginnen und nachts auf Weibchen treffen, suchen sie gemeinsam das Wasser auf. Das Weibchen wird umklammert und bald darauf laicht das Paar. Die kleinen Laichballen sollte man in ein Aquarium überführen. Einige Tage später schwimmen die Larven frei. Die Kaulquappen fressen zuvor eingefrorene Pflanzenkost (Löwenzahn, Salat usw.) und Zierfisch-Trockenfutter sowie zerquetsche Mückenlarven. Sobald sie das Wasser verlassen, in ein Aufzucht-Terrarium überführen. Als Nahrung dienen winzige Insekten.

Amerikanischer Laubfrosch

Mittelmeerlaubfrosch
(Hyla meridionalis)

Länge Bis 55 mm.
Verbreitung und Lebensweise Mehrere Mittelmeerländer und einige der Kanarischen Inseln. Nachts aktiver Busch- und Baumbewohner, dessen Rufe kilometerweit zu hören sind.
Gesetzliche Bestimmungen Man muss über den rechtmäßigen Erwerb einen Herkunftsnachweis haben, eine Bescheinigung, aus der hervorgeht, dass es sich um legal erworbene Tiere handelt.
Beschreibung Sieht dem heimischen Laubfrosch sehr ähnlich, jedoch fehlt dem Mittelmeerlaubfrosch die dunkle Hüftschlinge. Kanarische Exemplare nehmen sehr oft auch eine bräunliche bis graubraune Färbung an und sind häufig auf dem Rücken dunkel gefleckt. Es gibt auch Exemplare mit goldgelben Flecken.

Terrarium 4 mit kleinem Wasserteil. GF 80 x 50 cm. Dicht bepflanzen und mit einigen Kletterästen ausstatten.
Klima LT 20 – 27 °C, LF 60 – 80 %. Täglich leicht sprühen. Im Winter muss man die Frösche einige Wochen dunkel und kühler halten (10 °C).
Futter Alle weichhäutigen Arthropoden.
Vermehrung Im März/April die Temperaturen langsam wieder erhöhen und sprühen. Die Männchen rufen abends am Rand des Wasserteiles Weibchen herbei, die sie dann umklammern. Nach dem Sprühen wird nachts der Laich in kleinen Gruppen abgesetzt. Am besten überführt man den Laich in kleine veralgte Aquarien und füttert die frei schwimmenden Larven mit zerquetschen Mückenlarven und Zierfischfutter. Sie sind sehr leicht aufzuziehen und nach dem Landgang in Aufzucht-Terrarien zu überführen. Kleine Insekten, vor allem Fliegen, dienen als Nahrung.

Linkes Bild:
Mittelmeerlaubfrosch im Tagesversteck

Rechtes Bild:
Laichende Mittelmeerlaubfrösche

Regenwaldriese
mit Baumhöhlen

Baumhöhlen-Krötenlaubfrosch
(Phrynohyas resinifictrix)

Länge 50–60 mm.
Verbreitung und Lebensweise Amazonischer Teil Brasiliens, Guyanas, Französisch Guyanas, Perus und Ecuadors. Sie kommen eventuell auch in Venezuela vor. In der Natur besitzen diese Frösche eine deutliche Vorliebe für Baumhöhlen, vor allem, wenn sich darin ein größeres Wasserreservoir befindet. Bevorzugt werden vor allem Bäume, die eine beachtliche Höhe erreichen können.
Gesetzliche Bestimmungen Keine, die Tiere können frei gehandelt werden.
Beschreibung Relativ kurze Schnauze und eine schwarz genetzte, goldene bis bräunliche Iris. Gleich hinter den Maulwinkeln sitzen Schallblasen. Im wesentlichen besteht die Färbung aus unterschiedlich großen, mittel- bis dunkelbraunen Bändern, unterbrochen von hellbraunen bis weißen Feldern. Es gibt aber in Französisch Guyana auch

Exemplare, die deutlich mehr Braunanteile besitzen, und in Peru und Ecuador sollen sie wesentlich stärker granuliert sein und die Hell-dunkel-Felder fließender ineinander übergehen.
Terrarium 2 oder 3 mit großem Wasserteil.
Klima LT 24–28 °C, nachts niedriger und sprühen. WT 24–25 °C.
Futter Insekten aller Art sowie deren Larven und auch Spinnen und Würmer.
Vermehrung Erst 2 Monate Trockenzeit, anschließend durch häufiges Sprühen Regenzeit simulieren. Das Männchen umklammert das Weibchen im Wasser. Die Laichballen umfassen etwa 100 bis 200 Eier, insgesamt werden bis zu 1000 Eier abgegeben. Aufzucht wie bei anderen Laubfröschen. Larven auf mehrere Becken verteilen!

Baumhöhlen-
Krötenlaubfrosch

Kuba-Laubfrosch
(Osteopilus septentrionalis)

Länge Männchen bis 64 mm, Weibchen bis 90 mm (maximal bis 140 mm).
Verbreitung und Lebensweise Kuba, Bahamas und angrenzende Inseln, aber auch im Süden von Florida (USA) und auf den Keys. Dämmerungsaktiver Froschlurch, der sich vorwiegend von Insekten und anderen Gliedertieren ernährt. Kann auch kleineren, nachts aktiven Wirbeltieren nachstellen, wie z. B. Geckos.
Gesetzliche Bestimmungen Keine, kann frei gehandelt werden.
Beschreibung Kräftige hell- bis olivbraune Laubfroschgestalt mit breitem flachem Kopf. Die Kopfhaut ist mit der knöchernen Schädeldecke verwachsen. Das mittelgroße Trommelfell besitzt eine darüber ragende Hautfalte. Die Finger und Zehen sind mit großen Haftscheiben ausgestattet. Männchen erkennt man an der deutlichen Kehlfalte.

Terrarium 4 mit Wasserteil. GF 100 x 50 cm. Kräftige Pflanzen.
Klima LT 24 – 28 °C, nachts niedriger und sprühen. WT 24 – 25 °C.
Futter Alle möglichen Insekten und andere Arthropoden sowie deren Larven.
Vermehrung Um die Frösche in Fortpflanzungsstimmung zu bringen, muss man sie einige Wochen etwas trockener und minimal kühler halten. Anschließend ist dann vermehrt zu sprühen und die Temperatur langsam wieder zu erhöhen. Die Männchen bilden schwarze Brunftschwielen an der Innenseite des ersten Fingers und beginnen zu rufen (krächzendes Schnarren). Sie umklammern die Weibchen im Wasser beim Laichen. Die Aufzucht der Larven erfolgt wie bei anderen Laubfröschen, am besten in veralgten Wannen oder Aquarien. Häufiger Wasserwechsel erforderlich, da die Larven sonst verkümmern!
Ebenso zu halten Dominikanischer Laubfrosch (*Osteopilus dominicensis*).

Linkes Bild:
Kuba-Laubfrosch

Rechtes Bild:
Dominikanischer
Laubfrosch

Meist graben sich die Schmuckhornfrösche in den Bodengrund.

Schmuckhornfrosch
(Ceratophrys ornata)

Länge: 12 bis 14 cm.
Verbreitung und Lebensweise Ost-Brasilien und Argentinien. Meist im lockeren Bodengrund eingegraben und auf Beute wartend. Der Schmuckhornfrosch kann Beutetiere verschlingen, die fast so groß wie er selber sind.

Gesetzliche Bestimmungen Keine. Können frei gehandelt werden.
Beschreibung Plumpe Froschgestalt mit großem Kopf und sehr breitem Maul. Herzförmige Zunge. Normalerweise ist die Haut grün bis gelbgrün gefärbt. Es gibt aber auch Albinos, die gelblich-orange gefärbt sind. Der ganze Körper ist mit Mustern und Linien in heller und dunkler Färbung übersät. Der Bauch ist hell mit dunklen, beinahe schwarzen Flecken. Auf dem ganzen Körper sind hornige Warzen zu finden und unter der Haut hat dieser Frosch Hornplatten. Augenlider höckerartig, nicht spitz.
Terrarium 3. GF 60 x 60 cm. Sehr locke-rer, leicht feuchter und tiefer Boden-grund, in den sich die Hornfrösche gerne vollständig eingraben.
Klima LT 22 – 27 °C.
Futter Insekten, Spinnen und Regen-würmer, auch kleine Mäuse.
Vermehrung Die Vermehrung in Men-schenobhut ist nur selten geglückt. Man muss die Luftfeuchtigkeit für einige Wochen bei 60 – 70 % und die Lufttemperatur bei ca. 22 °C halten. Achtung: In einem größeren Terrarium werden Männchen und Weibchen kontrolliert zusammengesetzt, da sie Kannibalen sind! Nun muss man die Temperatur und die Luftfeuchtigkeit langsam erhöhen und die Einrichtung mit 30 °C warmem Wasser großzügig überbrausen. Das Männchen äußert blökende Rufe. Die Eier werden in Klumpen abgelegt und schwimmen an der Oberfläche. Laich abschöpfen und isoliert schlüpfen lassen; Larven ein-zeln aufziehen, da ebenfalls kanniba-lisch. Die Metamorphose ist teils schon nach 5 bis 6 Wochen abgeschlossen.

Australischer Sumpffrosch
(Limnodynastes peronii)

Länge Bis 65 mm.

Verbreitung und Lebensweise Ostküste Australiens. Der Sumpffrosch lebt zumeist am Rande permanenter, stehender Gewässer. Ansonsten ist er nicht auf einen besonderen Lebensraum beschränkt, scheint auch belastetes Wasser nicht zu scheuen und besiedet in Randgebieten der Städte auch Parks oder Fischteiche. Der nachtaktive Sumpffrosch verbirgt sich tagsüber am Boden unter Laub, Grasbüscheln oder Steinen. Er ernährt sich von Insekten und anderen Gliederfüßern.

Gesetzliche Bestimmungen Keine. Die Australischen Sumpffrösche können frei gehandelt werden.

Beschreibung Hellbraune Oberseite mit glatter Haut und dunklen Fleckchen und manchmal breitem Rückenband. Erinnert an unseren heimischen Grasfrosch. Trommelfell kaum erkennbar. Gliedmaßen kräftig, Zehen mit kurzen Schwimmhäuten. Bauch hell gefärbt.

Terrarium 1 oder 2. GF 100 x 50 cm. Ufer mit Kletterpflanzen gestalten, die z. T. auch in das Wasser ragen können (z. B. Scindapsus).

Klima Lufttemperatur 20 – 29 °C, Wassertemperatur ca. 22 – 25 °C.

Futter Arthropoden aller Art sowie Regenwürmer und Insektenlarven.

Vermehrung Durch häufiges Sprühen kann man die Regenzeit simulieren, was die Paarungsbereitschaft auslöst. Die Männchen rufen charakteristisch „Tock tock tock". Die Weibchen formen beim Laichen durch abgegebenes Sekret und Schlagen der Hinterbeine ein

Schaumnest, das an der Wasseroberfläche schwimmt. Die Aufzucht der Larven ist mit zerquetschen Mückenlarven, Zierfisch-Trockenfutter, Salat und Algen recht einfach.

Australischer Sumpffrosch und sein typisches Schaumnest

Reptilien

Allgemeines

Reptilien oder Kriechtiere (Klasse Reptilia) sind wechselwarme Wirbeltiere, die ihre Körpertemperatur nicht wie Säugetiere durch ihren Stoffwechsel einstellen können, sondern immer von den Umgebungstemperaturen abhängig sind. Ihre größte Artenvielfalt lebt aufgrund der klimatischen Bedingungen daher in den tropischen Zonen. Die Reptilienhaut ist mit Hornschuppen und -schilden bedeckt. Dies verhindert eine zu schnelle Verdunstung von Flüssigkeit durch die Haut (Gefahr für Amphibien). Daher müssen Reptilien nicht in einer feuchten Umgebung leben. Zum Wachstum gehören auch regelmäßige Häutungen, wenn die alte Haut zu klein geworden ist. Darunter hat sich bereits eine neue Haut gebildet. Die bis heute erhaltenen Reptilien bestehen taxonomisch aus vier Ordnungen:
1. Schuppenkriechtiere (Squamata): Echsen (Unterordnung Sauria) mit etwa 3000 Arten, Schlangen (Unterordnung Serpentes) mit ungefähr 3000 Arten, Doppelschleichen (Unterordnung Amphisbaenen) mit etwa 130 Arten. Nur die beiden ersten Unterordnungen sind terraristisch von Bedeutung. 2. Schildkröten (Ordnung Chelonia bzw. Testudines) mit etwa 250 Arten; 3. Panzerechsen (Ordnung Crocodylia) mit etwa 23 Arten und 4. Brückenechsen (Ordnung Rhychocephalia) mit nur einer Art.

Anolis während der Häutung

Obwohl es auch private Krokodilhaltung gibt, erfordert dies sehr große Anlagen, die dem „gewöhnlichen Terrarianer" kaum zur Verfügung stehen. Und Brückenechsen gehören zu den sehr streng geschützten Arten. In Deutschland kann man sie im Berliner Zoo beobachten. Bei den in Menschenobhut gehaltenen Reptilien handelt es sich daher gewöhnlich um Echsen, Schlangen und Schildkröten.

Die Artbeschreibungen

Die Artbeschreibungen sind einheitlich aufgebaut: Zuerst wird der **Deutsche Namen** genannt, von dem es aber manchmal auch mehrere gibt. Es folgt die **wissenschaftliche Bezeichnung**. Danach gibt es Angaben zur **Gesamtlänge** (GL), teils auch zur Kopf-Rumpf-Länge (KRL). Um etwas über klima-

tische Ansprüche der Pfleglinge zu erfahren, folgen Angaben zur **Verbreitung und Lebensweise**. Unbedingt zu beachten bei der Anschaffung sind auch **gesetzliche Bestimmungen**. Nun folgt die Beschreibung, welcher **Terrarientyp** erforderlich ist und für welches Terrarien**klima** und **Futter** gesorgt werden muss. Anschließend folgen einige Hinweise zur **Vermehrung**, denn die Vermehrung in Menschenobhut ist eines der wichtigsten Ziele. Zuletzt folgen noch Hinweise, welche Arten **ebenso zu halten** sind wie die vorgestellte.

Info	Abkürzungen
GL	Gesamtlänge
KRL	Kopf-Rumpf-Länge
GF	Grundfläche
LT	Lufttemperatur
LF	relative Luftfeuchtigkeit
WT	Wassertemperatur

Siedleragame
(Agama agama)

Gesamtlänge Bis 40 cm, Weibchen bleiben etwas kleiner.

Verbreitung und Lebensweise Weite Teile Zentralafrikas. Zahlreiche Unterarten. Vor allem an Mauern, Geröllhaufen, Ruinen, aber auch an Bäumen. Kulturfolger. Oft findet man neben einem dominanten Männchen zahlreiche Weibchen und halbwüchsige

Weibliche Siedleragame

Exemplare. Jedoch befindet sich in der Nähe des Männchens oft ein besonders großes Weibchen, das Konkurrentinnen vertreibt.

Gesetzliche Bestimmungen Diese Agamen können frei gehandelt werden.

Beschreibung Der Körper ist dunkelbraun gefärbt, der Kopf leicht aufgehellt. (In den Morgenstunden sind die Agamen meist noch recht dunkel gefärbt). Bei den Weibchen findet man auf dem Körper eine Musterung, die jedoch auch stark verblassen oder sich insgesamt plötzlich verändern kann. Bei erregten, stark aufgeheizten dominanten Männchen färben sich Kopf, Kehle und Schulter orangerot, der Körper und die Gliedmaßen stahlblau. Auch auf dem quer gebänderten Schwanz erscheinen hell- und dunkelblaue Farben.

Terrarientyp 3, 5 oder 6. GF 6 x 6 x 8fache KRL. Viele Kletter- und Versteckmöglichkeiten. Dazu eignen sich Steinhaufen, aber auch eine bekletterbare Rückwand. Um den Tieren möglichst viel Bewegungsfreiraum zu bieten, sollte man bei der Bemessung des Terrariums sehr großzügig sein. Dann kann man einem Männchen 2 – 4 Weibchen zugesellen. Ansonsten ist eine paarweise Haltung zu empfehlen.

Klima Neben hohen Tagestemperaturen zwischen 25 – 35 °C, lokal 40 – 45 °C, ist auch eine hohe Beleuchtungsstärke erforderlich (HQL- und HQI-Strahler, zeitweise OSRAM-Ultravitalux oder ähnliche Lampen). Nachts müssen die Temperaturen auf 20 – 15 °C sinken.

Futter Als Nahrung nehmen Siedleragamen alle möglichen Arthropoden, aber auch nestjunge Mäuse.

Hardun

Männliche
Siedleragame

Vermehrung Weibchen vergraben je nach Alter und Größe 6–8 (maximal 13) Eier an einer leicht feuchten Stelle im Bodensubstrat. Bei 30 °C und einer rel. Luftfeuchtigkeit von 60–80 % bebrütet, schlüpfen die Jungtiere nach 56–58 Tagen. Bei 25–31 °C und 60–80 % LF dauert es bis zum Schlupf der Jungtiere 52–91 Tage. Man sollte sie unbedingt einzeln aufziehen.

Ebenso zu halten Hardun (*Laudakia stellio*): Paarweise halten. Eine Ruhephase von 4–6 Wochen bei Temperaturen knapp unter 20 °C fördert die anschließende Fortpflanzungsbereitschaft. Weibchen können im Verlauf eines Jahres 2–3 Gelege mit bis zu 10 Eiern legen. Bei 26–30 °C schlüpfen Jungtiere nach etwa 50–80 Tagen, manchmal sogar noch später.

Sägerückenagame
(Calotes calotes)

Gesamtlänge Bis 60 cm.
Verbreitung und Lebensweise Sri Lanka, S-Indien (Travancore, Shevaroy Berge, Nikobaren). Bevorzugen feuchte Bergregionen bis max. 1500 m ü. NN., aber auch trockene Ebenen. Dort sitzen die Agamen oft auf kleinen Bäumen, auf Büschen oder im Uferbereich von schwach fließenden oder stehenden Gewässern. Sie sind sehr flink und können gut schwimmen. Als Nahrung dienen ihnen vor allem Arthropoden.
Gesetzliche Bestimmungen Kann frei gehandelt werden, ohne Auflagen.
Beschreibung Der Kopf der Männchen variiert von dunkelrot über orange bis hellgrün. Ihre Körperoberseite ist gewöhnlich leuchtend grün und mit 4 – 7 weißlichen oder dunklen Querstreifen ausgestattet. Die Färbung kann jedoch auch wesentlich dunkler, braun bis schwarz werden. Namengebend ist der sägeartige Rückenkamm, der zum Schwanz hin niedriger wird. Die höchste Stelle befindet sich im Nackenbereich. Bei Männchen sind diese Kammschuppen wesentlich länger als bei Weibchen. Weibchen können auch einen weißlichen dorsolateralen Längsstreifen haben.
Terrarientyp 2 oder 4; möglichst hoch! GF 6 x 6 x 8fache KRL. Man hält die empfindlichen und als heikel bekannten Agamen am besten paarweise. Wichtig sind senkrecht stehende kräftige Äste, ebenso ein Wasserbecken. Auch die Rückwand sollte man bekletterbar machen. Die Männchen besetzen gerne eine erhöhte Sitzwarte. Weibchen sind im Terrarium dagegen häufig scheuer und benötigen mehrere einfach erreichbare Versteckmöglichkeiten. Bei großer Aggressivität muss man die

Sägerückenagame

Tiere einzeln halten und nur zur Paarung hin und wieder zusammensetzen.
Klima LT 24 – 28 °C und unter einem Strahler 30 – 35 °C. Zeitweise sollten die Temperaturen auch nahe 20 °C bleiben (Bergland). Morgens und abends ist zu sprühen, da im Terrarium eine rel. Luftfeuchtigkeit von etwa 75 % (nachts 90 %) herrschen muss. In der Regenzeit sollte tagsüber auch noch ein weiteres Mal gesprüht werden. Dabei muss ein Teil des Terrariums jedoch immer etwas trockener bleiben.
Futter Alle möglichen Arthropoden, insbesondere Insekten.
Vermehrung Nach erfolgreicher Paarung kann man die Trächtigkeit der Weibchen gut an den Flanken erkennen. Die

Weibchen graben vor der Eiablage eine Mulde in den leicht feuchten Bodengrund, die sie anschließend wieder zuscharren. Je nach Größe können die Weibchen 6 – 12 Eier (ca. 18 x 12 mm) legen. Bei Temperaturen von 20 – 26 °C und hoher Luftfeuchtigkeit schlüpfen die Jungtiere nach etwa 75 – 85 Tagen. Bei durchweg höheren Bruttemperaturen erweisen sich die Jungtiere oft als hinfällig, deshalb unbedingt für schwankende Temperaturen sorgen.
Ebenso zu halten Blutsaugeragame *Calotes versicolor:* Die Weibchen können nach einer 4 – 6wöchigen Trächtigkeit in eine bis 15 cm tiefe Grube pro Gelege bis zu 25 Eier legen. Die künstliche Inkubation kann bei Temperaturen von 22 – 30 °C und hoher Luftfeuchtigkeit erfolgen. Bei höheren Temperaturen schlüpfen die Jungtiere schon nach 37 – 42 Tagen, bei 22 – 23 °C nach etwa 79 Tagen.

Sägerückenagame

Blutsaugeragamen

Kragenechse
(Chlamydosaurus kingii)

Gesamtlänge 60 bis 80 cm, Weibchen
bleiben kleiner.
Verbreitung und Lebensweise N-NO-
Australien, südliches Neuguinea.
Bevorzugt werden halbfeuchte bis
halbtrockene Wälder mit dichter
Kraut- und Strauchschicht, aber auch
offene Gebiete mit lockerem Baum-
bestand. Kragenechsen sind Baumbewohner, die jedoch auch auf dem
Boden gut zurechtkommen und sehr
schnell laufen können. Werden die
Echsen in die Enge getrieben, spreizen
sie ihren Kragen regenschirmartig ab
und reißen das Maul weit auf. Gleichzeitig können sie mit dem Schwanz
schlagen. Beißen sie zu, können bluten-
de Wunden entstehen. Häufig fliehen

sie aber, wobei sie streckenweise nur
auf den Hinternbeinen laufen. Auch
bei der Thermoregulation hilft der
Kragen, indem er überschüssige
Wärme abgibt.
Gesetzliche Bestimmungen Können
frei gehandelt werden. Quittung unbedingt aufheben.
Beschreibung Große Echse mit kräftig
gebautem Körper, großen Gliedmaßen
und einem langen Schwanz. Ihr Kopf
ist deutlich vom Körper abgesetzt, die
Schnauze spitz. Der Körper ist auf der
Oberseite mit groben Stachelschuppen
bedeckt, die z. T. sägeartige Säume bilden. Kragenechsen haben eine graue,
rötlich-braune, manchmal fast schwarze, mit erdfarbenen Tönen vermischte
Grundfarbe. Vor allem bei jüngeren
Exemplaren ist manchmal ein Muster
zu erkennen. Ihr Kragen ist meist

heller, farblich auffälliger gefärbt. Er kann einen Durchmesser von etwa 30 cm erreichen. Der dunkelgraue Schwanz besitzt dunkle Querbinden. Männchen haben einen verhältnismäßig größeren Kopf.

Terrarientyp 4. GF 6 x 6 x 8fache KRL. Für jede Kragenechse muss im Terrarium ein der Größe entsprechender Stamm als Sitzplatz vorhanden sein, darüber ein Wärmestrahler. Kragenechsen sollte man einzeln halten und nur zur Paarung ab und zu zusammensetzen.

Klima Im Kegel der Wärmestrahler müssen Temperaturen von 35 – 40 °C erreicht werden; sonstige Lufttemperatur 25 – 30 °C. Morgens ist die Einrichtung leicht zu überbrausen.

Futter Sie verzehren die üblichen Futterinsekten und andere Arthropoden. Jungtiere fressen gerne Wachsmaden.

Vermehrung Hält man die Echsen etwa 4 – 6 Wochen bei niedrigeren Temperaturen (tagsüber 20 °C, nachts etwa 17 °C) und setzt etwa 3 – 4 Wochen nach dem erneuten Erhöhen der Temperaturen Männchen zu den Weibchen, kommt es häufig zur Paarung. In der Zeit der Ruhephase verweigern die Echsen oft das Futter, sodass man in dieser Zeit das Füttern einstellen sollte. Vor der Paarung beißt sich das Männchen intensiv im Kragen des Weibchens fest. Um Eiablagen zu ermöglichen, muss eine entsprechend große und tiefe Eiablagekiste bzw. -box (z. B. mit feuchtem Torf-Sand-Gemisch) vorhanden sein. Pro Gelege können 8 – 15 Eier gelegt werden – und dies in monatlichen Abständen. In einer Saison sind 2 – 3 Gelege möglich. Bei Bruttemperaturen um 28,5 °C dauert es bis zum Schlupf der Jungtiere 85 – 90 Tage. Jungtiere kann man anfänglich gemeinsam aufziehen, sollte sie jedoch bei Auseinandersetzungen besser einzeln halten. Bei Temperaturen von 28 – 30 °C und hoher Luftfeuchtigkeit dauert es bis zum Schlupf 67 – 90 Tage.

Grüne Wasseragame
(Physignatus cocincinus)

Gesamtlänge 70 bis maximal 100 cm.
Weibchen bleiben kleiner.
Verbreitung und Lebensweise S-China,
Birma, Laos, N-Thailand, Kambodscha,
Vietnam. Grüne Wasseragamen leben
in feuchten Wäldern in Gewässernähe.
Sie liegen oft träge in der Nähe von
Gewässern oder auf einem Ast darüber.
Springen bei Gefahr auch in das Was-
ser. Auf dem Boden fliehen sie oft auf-
recht auf den Hinterbeinen und mit
angelegten Armen.
Gesetzliche Bestimmungen Können
frei gehandelt werden.
Beschreibung Auf dem kantigen Kopf
setzt hinten der Nackensaum an, der
von einigen größeren Stacheln besetzt
ist. Die Stacheln setzen sich in einer

Reihe über den Rücken bis auf den
Schwanz fort. Ihre Grundfarbe ist grün,
die obere Kopfhälfte – vor allem bei
Männchen und im zunehmenden Alter
– deutlich dunkler gefärbt. Die Unter-
kieferseiten werden von stark vergrößerten Tuberkelschuppen bedeckt.
Diese Schuppen sind weiß, bläulich
oder gelblich-rötlich. Weibchen bleiben kleiner, haben einen schmaleren
Wangenbereich, meist auch kleinere
Kämme und sind farblich blasser.
Terrarientyp 2, sehr hoch, oder 4 mit
großem Wasserteil. GF 5 x 3 x 5fache
KRL. Für ein ausgewachsenes Paar
mindestens ein 200 – 250 cm langes,
100 – 150 cm tiefes und 100 – 120 cm
hohes Terrarium. Wichtig: ein geräumiges Wasserbecken, kräftige Kletteräste
und ein Eiablageplatz mit etwa 30 cm
hohem Substrat (Sand/Torf- oder Sand/
Blumenerde-Gemisch). Rück- und Seitenwände unbedingt verkleiden, denn
die Wasseragamen können gut springen, plötzlich kopflos flüchten und
verletzen sich in zu kleinen Terrarien

dann an den Scheiben oft den Schnau-
zenbereich. Verletzungen unbedingt
sofort mit Beta-Isadona desinfizieren,
sonst kommt es zu Entzündungen.
Eingewöhnte Agamen liegen meist
auf ihrem Ast. Dominante Männchen
zeigen häufig Kopfnicken, Weibchen
antworten oft mit Armwinken. Jungtiere sind meist wesentlich lebhafter
als Erwachsene.

Klima Lufttemperaturen zwischen 25
und 30 °C, unter Strahlern etwa 35 °C.
Nachts 18 – 22 °C. LF 70 – 80 %. Häufig
sprühen!

Futter Insekten und andere Arthropoden sowie pflanzliche Kost (Löwenzahn, Salat, Bananen, Äpfel, Beeren).
Ausgewachsene Exemplare verzehren
auch ausgewachsene Mäuse.

Vermehrung Werden mit 1,5 – 2 Jahren
(40 – 50 cm lang) geschlechtsreif. Bal-
zende Männchen nähern sich unter
Kopfnicken dem Weibchen. Paarungen
sind mehrmals im Jahr zu beobachten.
Zuvor oft wilde Verfolgungsjagden,
bis das Weibchen eine Paarungsbereitschaft signalisiert. Es wird mit einem
Nackenbiss festgehalten und die Paarung erfolgt. Weibchen legen häufig
7 – 12, selten bis zu 16 weichschalige
Eier in eine selbst gegrabene Grube.
Bei Temperaturen zwischen 28 – 31 °C
schlüpfen die etwa 135 – 168 mm langen Jungtiere nach 65 – 85 Tagen, bei
konstant 29 – 30 °C nach 65 – 70 Tagen.

Ebenso zu halten Australische Wasseragame (*Physignatus lesueuri*): Gelege
und Inkubationsergebnisse ähnlich.
Auch die australische Gestreifte Wasseragame *(Lophognathus temporalis)* kann
man wie die Grüne Wasseragame halten
und sie wird ebenso häufig angeboten.

Fressende junge
Grüne Wasser-
agamen

Gewöhnliche Bartagame
(Pogona vitticeps)

Gesamtlänge Bis 70 cm.

Verbreitung und Lebensweise Zentralaustralien bis zum Nordwesten von Victoria. Halbwüsten, Busch- und Baumsteppen, lichte Trockenwälder, aber auch Gärten, selbst in größeren Ortschaften (Kulturfolger). Dabei sieht man häufig vor allem Männchen, die auf Steinen ihr Revier überwachen und bei Bedarf auch heftig verteidigen können (Körper und Kehle aufblähen, Schwanzschlagen, Maulaufreißen usw.). Rivalen werden oft durch diese Drohgebärden, aber auch durch Fauchen und Bisse vertrieben. Neben tierischer Kost gehören auch Pflanzenteile zu ihrer Nahrung (bis 50 %).

Gesetzliche Bestimmungen Können frei gehandelt werden.

Beschreibung Der große wuchtige Kopf ist deutlich vom Körper abgesetzt. Die Grundfarbe ist sehr von der Umgebung und der Stimmung der Echsen abhängig. Sie reicht von einem hellen Beige bis zu dunklem Grau. Darauf findet man zahlreiche dunkle Flecken. Die kräftigen Vordergliedmaßen sind mit scharfen Krallen ausgestattet. Männchen haben einen dunkleren „Bart", eine verbreiterte Schwanzwurzel sowie einen kräftigeren Kopf. Bei der Östlichen Bartagame *(Pogona barbata)* sind die Nackenstacheln in einem Halbkreis angeordnet, bei *Pogona vitticeps* relativ gerade.

Terrarientyp 6. GF 5 x 4 x 5fache KRL. Paarweise, in großen Terrarien auch als Zuchtgruppe (1 Männchen und 2 – 4 Weibchen). Hohe Sandschicht, Eiablageboxen oder andere Kunsthöhlen, Steine und kräftige Äste (senkrecht und waagerecht) als Sitzwarten. Dazu können auch künstliche Vorsprünge in der als Fels modellierten Rückwand dienen.

Klima Tagsüber um 30 – 32 °C, lokal 40 °C, nachts 20 – 22 °C. Die LF sollte bei 40 – 50 % liegen.

Futter Neben Insekten und anderen Arthropoden verzehren sie auch Grünfutter und Obst. Dabei beginnt in einer

Paar der Gewöhnlichen Bartagame

Junge Zwerg-Bartagamen

Gruppe das Alpha-Männchen als erstes mit dem Fressen. Erst wenn es sich vom Futter entfernt hat, dürfen die anderen fressen.

Vermehrung Im November und Dezember die Beleuchtungsstärke und -dauer von 13 auf 11 Stunden pro Tag reduzieren, so dass die Echsen für etwa 6 – 8 Wochen bei etwa 25 °C Tagestemperatur (nachts 18 – 20 °C) und einer LF von 60 – 70 % eine Ruhephase einlegen. Anschließend Temperaturen und Beleuchtungsdauer wieder erhöhen, dann kommt es häufig zu Paarungen.

Die Männchen nähern sich dem Weibchen vor der Paarung kopfnickend. Paarungsbereite Weibchen legen sich flach auf den Boden und „winken" mit einem der Vorderbeine. Weibchen suchen vor der Eiablage gerne eine in den Bodengrund eingelassene Kunsthöhle (Eiablagebox) auf oder graben selbst eine Nisthöhle. Während der Fortpflanzungsperiode können bis zu 5 Gelege mit je 20 – 32 Eiern gelegt werden. Bei Temperaturen von 25 – 27 °C schlüpfen Jungtiere nach etwa 80 – 105 Tagen, bei 31 °C bereits nach etwas über 50 Tagen, manchmal auch wesentlich später.

Ebenso zu halten Zwerg-Bartagame (*Pogona henrylawsoni*): Zentrales bis westliches Queensland, GL bis 30 cm, KRL bis 13 cm. Weibchen legen meist 8 – 15 Eier, bei 28 – 30 °C Schlupf nach 50 – 70 Tagen.

Zwerg-Bartagame

Nordafrikanische Dornschwanzagame

Nordafrikanische Dornschwanzagame
(Uromastyx acanthinura)

Gesamtlänge Bis 40 cm.

Verbreitung und Lebensweise Nordrand der Sahara und entlang der Wadis oder Plateaus und Gebirgszüge bis weit in die Sahara. *Uromastyx acanthinuara acanthinura* in O- und S-Algerien, S-Tunesien, NW-Libyen. *U. a. nigriventris* in Marokko, W- und SW-Algerien. Leben in Wüsten und halbwüstenartigen Gebieten, vor allem in pflanzenarmen, steinigen Steppen, Blockschuttwüsten (Hamada) und Kieswüsten (Reg), zum Teil auch in gebirgigen Bereichen. Dornschwanzagamen graben tiefe Gänge und Wohnhöhlen in den Boden, in die sie sich zurückziehen.

Gesetzliche Bestimmungen Man muss über den rechtmäßigen Erwerb einen Herkunftsnachweis haben, eine Bescheinigung, aus der hervorgeht, dass es sich um legal erworbene Tiere handelt.

Beschreibung Ihr Kopf ist mit unterschiedlich großen, unregelmäßig angeordneten Schuppen bedeckt. Vor der Ohröffnung befinden sich an den Rändern vergrößerte Schuppen. Die Körperschuppen sind glatt. Der Schwanz besteht aus 16 bis 20 Wirteln. Männchen von *U. a. acanthinura* sind schwarz mit weißen Punkten, Weibchen hellbeige bis silbergrau mit dunklen Punkten. Die Unterart *U. a. nigriventris* besitzt eine sehr variable Färbung und Zeichnung. Neben rötlichen, gelben und grüne Exemplaren kennt man auch Exemplare mit rötlichen Flanken, grünem Rücken usw. Ausgeprägtes physiologisches Farbwechselvermögen. Ausgewachsene Männchen haben einen größeren, dunkleren Kopf.

Terrarientyp 6. GF 6 x 4 x 4fache KRL. Hohe Sandschicht als Bodengrund, unterirdische Wohnhöhlen und Steinaufbauten als Klettermöglichkeit sind die wesentlichen Einrichtungsmerkmale. In den Wintermonaten bleiben

Mali-Dorn-
schwanzagame
(Schlüpfling)

die Tiere oft in ihren Wohnhöhlen und legen eine Ruhephase ein. Bei einem Temperaturanstieg können sie aber auch in dieser Zeit vor ihren Wohnhöhlen beobachtet werden.

Klima Tagsüber 28–35 °C, lokal 45 °C und eine Beleuchtungsdauer von 12–14 Stunden, nachts Zimmertemperatur. Morgens sprühen. Eine 2-bis 4monatige Ruhephase bei niedrigeren Temperaturen (18–35 °C) und geringerer Beleuchtungsdauer (6–8 Std.), wobei täglich ein Wärmestrahler (35 °C) für etwa 6 Stunden eingeschaltet werden sollte, fördert die anschließende Fortpflanzungsbereitschaft.

Futter Die Allesfresser nehmen vor allem pflanzliche Nahrung zu sich, jedoch auch verschiedene Arthropoden, insbesondere Insekten.

Vermehrung Weibchen legen am Ende einer Eiablagebox oder Wohnhöhle 6–28 Eier. Bei Temperaturen von 25–34 °C dauert es bis zum Schlupf der Jungtiere 72–128 Tage.

Ebenso zu halten Mali-Dornschwanzagame (*Uromastyx dispar maliensis*): Weibchen können 17–37 Eier legen. Bei 28–33 °C bebrütet, erfolgt der Schlupf nach 74–77 Tagen. Andere Dornschwanzagamen sind ebenso zu halten, z. B. die Geschmückte Dornschwanzagame (*U. ocellata*) oder Geyri's Dornschwanzagame (*U. geyri*), die ebenfalls häufig angeboten werden.

Mali-Dorn-
schwanzagame
bei der Eiablage

Linkes Bild:
Junges Jemen-
Chamäleon

Rechtes Bild:
Trächtiges
Weibchen

Jemen-Chamäleon
(Chamaeleo (Chamaeleo) calyptratus)

Gesamtlänge Männchen bis 65 cm,
Weibchen bis 45 cm.
Verbreitung und Lebensweise Jemen.
Verbreitungszentrum liegt im Raum
Taizz/Ibb. Hier befindet sich ein breites
und langes vegetationsreiches Tal
(1200 bis 2000 m ü. NN.), das von
hohen Bergzügen umschlossen ist. Das
Klima ist subtropisch bis tropisch (fast
2000 mm Niederschlag/Jahr), und die
Jahreszeiten werden durch Trocken-
(Herbst, Winter) und Regenzeiten
(Frühjahr, Sommer) charakterisiert.
Gesetzliche Bestimmungen Man muss
über den rechtmäßigen Erwerb einen
Herkunftsnachweis haben, eine Beschei-
nigung, aus der hervorgeht, dass es sich
um legal erworbene Tiere handelt.
Beschreibung Jemen-Chamäleons ge-
hören mit zu den größten Arten. Die
Männchen haben einen bis zu 8 cm
hohen Helm, der mit vergrößerten
Plattenschuppen bedeckt ist. Der Helm
der Weibchen ist deutlich kleiner. Der
Körper ist unregelmäßig beschuppt,
der Rückenkamm kann sich bis zum
Schwanz fortsetzen. Er besteht – wie

der sich am Bauch weiter fortsetzende
Kehlkamm – aus dicht hintereinander
stehenden Kegelschuppen. Das Farbkleid der Männchen ist außerordent-
lich farbenprächtig und zeigt Bänder
aus gelben, grünlichen, hellblauen
Farbtönen sowie dunklen und weißlichen Mustern. Weibchen sind schlich-
ter und vorwiegend grünlich gefärbt
und dunkel gezeichnet, Schlüpflinge
einfarbig grüngrau bis grün.
Terrarientyp 4. GF 4 x 3 x 4fache KRL.
Am besten paarweise halten. Nur ro-
buste Pflanzen und Kletteräste eignen
sich als Einrichtung. Der Bodengrund
muss stellenweise 30 cm hoch und
immer leicht feucht sein, um Eiablageplätze zu bieten.
Klima Tagsüber sind Temperaturen von
etwa 30 – 35 °C erforderlich, nachts
25 – 28 °C. Morgens ist das Terrarium zu
überbrausen.
Futter Alle möglichen Insekten und
deren Larven sowie andere Arthropoden und kleine Mäuse.
Vermehrung In der Fortpflanzungszeit
kann man die Chamäleons immer
wieder nahe beieinander sehen. Das
Männchen imponiert mit seinem
schönsten Farbkleid und führt nicken-

de Kopfbewegungen aus. Während der Balz nähert es sich schaukelnd dem Weibchen. Ist dieses paarungsbereit, zeigt es sich dem Männchen gegenüber neutral und lässt sich von ihm auch in die Seite stupsen. Bald steigt das Männchen vorsichtig auf und vollzieht die etwa 20 Minuten dauernde Paarung. Weitere Paarungen erfolgen in den nächsten Tagen, bis das Weibchen seine typische Trächtigkeitsfärbung zeigt. Von nun an wehrt es das Männchen mit schaukelnden Bewegungen ab und zeigt einen erhöhten Nahrungsbedarf.

Die Tragzeit dauert etwa 30–45 Tage. Anschließend beginnt das Weibchen auf dem Boden mit der Suche nach einem Eiablageplatz. An einer geeigneten Stelle gräbt es einen körperlangen Gang in den leicht feuchten Bodengrund und legt an dessen Ende zwischen 20–72, etwa 17 x 11 mm große Eier. Bei etwa 28–30 °C dauert es bis zum Schlupf der Jungtiere etwa 150–200 Tage. Während der Inkubation nehmen die Eier erheblich an Umfang zu. Jungtiere sind am besten einzeln aufzuziehen!

Männliches Jemen-Chamäleon

Männlicher Stirn-
lappenbasilisk

Stirnlappenbasilisk
(Basiliscus plumifrons)

Gesamtlänge 75 bis 92 cm.
Verbreitung und Lebensweise Panama
bis Guatemala. Sie leben in dichten
Regenwäldern und bevorzugen dort die
Nähe von Gewässern. Bei Gefahr können
sie auf den Hinterbeinen über das Was-
ser laufen. Manchmal findet man sie auf
Ästen o. ä., die aus dem Wasser ragen.
Gesetzliche Bestimmungen Der Handel
ist frei und ohne Beschränkungen.
Beschreibung Grundfarbe grünlich bis
braun, zum Bauch hin gelb. Ein großer
Hautlappen am Hinterkopf bildet einen
schönen „Helm". Außerdem besitzen
sie auf dem Rücken und Schwanz große
Kämme. Helme und Kämme sind bei
Männchen wesentlich ausgeprägter.
Die dunklen Querbänder auf der Oberseite werden von je einem hellen Seitenstreifen durchzogen. Von der Schnau-
zenspitze bis zum Oberschenkel zieht
je ein weiterer heller Streifen.

Terrarientyp 4. GF 5 x 3 x 5fache KRL.
Die großen Echsen sind am besten
paarweise zu halten. In sehr großen
Terrarien kann man einem Männchen
aber auch drei Weibchen zugesellen.
Ein großes Wasserbecken und einige
kräftige Kletteräste müssen vorhanden
sein. Raumgroße Terrarien sind am
besten geeignet. Dazu kann z. B. ein
Gewächshaus oder Wintergarten dienen. Stabile Pflanzen dienen als Dekoration und bieten Deckungsmöglich-
keiten. Dekorativ sind auch von oben
herabhängende Ampelpflanzen, die
von den Tieren nicht erreicht werden
können, da sie diese sonst zerstören
oder als Futter ansehen. Am besten
wird nur die Frontseite verglast, da
die schreckhaften Echsen häufig unge-
stüm durch das Terrarium und gegen
die durchsichtigen Scheiben laufen,
so dass es sehr oft zu Schnauzenverlet-
zungen kommt. Solche Verletzungen
müssen unbedingt sofort behandelt
werden, z. B. mit Betaisodona-Salbe.

Klima Tagsüber sind Temperaturen von 25 – 30 °C (lokal 35 °C) erforderlich, nachts etwa 23 °C. Am Tage sollte die LF auf etwa 60 – 70 % sinken, nachts auf nahezu 100 % steigen. Deshalb ist häufiges Sprühen erforderlich. Zeitweise hält man die Echsen einige Zeit geringfügig kühler. Anschließend geraten sie oft in Fortpflanzungsstimmung.

Futter Sie fressen alle möglichen Arthropoden, aber auch Obst und junge Mäuse.

Zucht Die Weibchen können 4 – 18 Eier legen. Zuvor graben sie eine tiefe Grube in den Boden, die sie anschließend wieder zuscharren. Es sind mehrere Gelege im Jahr möglich. Bei Temperaturen von 29 – 30 °C dauert es bis zum Schlupf der etwa 10 cm langen Jungtiere ungefähr 60 bis 76 Tage. Bei 27 °C dauert es bis zum Schlupf wesentlich länger, nämlich 110 – 113 Tage. Jungtiere sollte man einzeln aufziehen!

Ebenso zu halten Der Helmleguan *(Corytophanes cristatus)* aus Mittelamerika.

Halsbandleguan
(Crotaphytus collaris)

Gesamtlänge Bis 35 cm.
Verbreitung und Lebensweise USA (Arizona, New Mexiko, W-Texas, Oklahoma bis Kansas, Missouri und Arkansas, O-Utha, W- und SO- Colorado) und Mexiko (Sonora über Chihuahua bis Zacatecas). Habitate sehr variabel. Sie reichen von lockeren Waldgebieten bis zu steinigen Halbwüsten mit sommerlichen Spitzentemperaturen von etwa 50 °C und heftigen Frosteinbrüchen (Winter). Halsbandleguane bevorzugen jedoch felsiges Gelände, auch an Berghängen und Ruinen.

Gesetzliche Bestimmungen Der Handel ist frei und ohne Beschränkungen.

Beschreibung Ihre Grundfarbe ist blaugrün und Körper und Schwanz sind mit weißen Fleckchen übersät. Auf der Oberseite findet man dunkle Querbänder. Der Kopf ist gelblich abgesetzt. Typisch sind die beiden schwarz gerahmten und durch ein helles Band getrennten Halsbänder, die an der Kehle unterbrochene sind. Die Weibchen sind etwas blasser gefärbt und bekommen in der Fortpflanzungszeit auf den Flanken einige rote Flecken, die nach der Eiablage wieder verschwinden.

Terrarientyp 5 oder 6. GF 6 x 4 x 4fache KRL. Man hält sie am besten paarweise. Sie benötigen ein typisches Felsenterrarium mit eingegrabener Eiablagebox, die neben zahlreichen Fugen zwischen den Steinaufbauten als zusätzliche Versteckmöglichkeit dienen kann. Der Bodengrund muss bis über die Eiablagebox reichen.

Klima Tagsüber Temperaturen von 30 – 35 °C, lokal 45 °C, nachts wesentlich kühler. In der kalten Jahreszeit ist eine 4 bis 6 Wochen dauernde Winterruhe angebracht. Hierzu muss die Beleuchtungsdauer langsam auf bis zu 8 Stunden täglich gesenkt werden, und die Wärmestrahler werden nur noch so reduziert eingesetzt (4 – 5 Stunden), dass eine Lufttemperatur von etwa 12 – 15 °C erreicht wird. Eine Wasserschale darf nicht vergessen werden.

Oberes Bild:
Junger Halsbandleguan

Unteres Bild:
Wüsten-Halsbandleguan

Halsbandleguan-Paar

Anschließend erhöht man die Beleuchtungsdauer langsam wieder auf Normalbetrieb (12 bis 14 Stunden) und lässt die Temperaturen auf Sommerniveau ansteigen.

Futter Verzehren die üblichen Insekten, aber auch Pflanzenteile (Blätter, Obst usw.). Vorsicht ist bei den Futtermengen geboten, da die Tiere sonst leicht verfetten!

Vermehrung Einige Zeit nach der Winterruhe geraten die Echsen häufig in Fortpflanzungsstimmung und Paarungen können bis in den Sommer hinein beobachtet werden. Weibchen sind etwa 4 – 5 Wochen trächtig, bis es zur Eiablage kommt. Die Weibchen legen innerhalb eines Jahres in Abständen von 4 – 5 Wochen bis zu drei Gelege mit bis zu 10, gewöhnlich jedoch 6 – 7 Eiern. Bebrütet man die Eier bei 28 – 30 °C und einer relativen Luftfeuchtigkeit von etwa 60 – 70 %, schlüpfen die Jungtiere nach etwa 50 – 55 Tagen. Sie können bereits nach einem Jahr geschlechtsreif sein.

Ebenso zu halten Wüsten-Halsbandleguan *(Crotaphytus bicinctores)*: Nordamerika (Arizona). GL bis 33 cm. Bei ihnen sollte eine Winterruhe von etwa 2 – 3 Monaten eingehalten werden! Gelege bestehen aus 3 – 5 Eiern; bei 28 °C schlüpfen Jungtiere nach etwa 65 Tagen. Diese Halsbandleguane fressen in der Natur auch gerne kleinere Echsen – Vorsicht bei Jungtieren!

Grüner Leguan

Porträt eines
Grünen Leguan

Grüner Leguan
(Iguana iguana)

Gesamtlänge 120 bis 150, maximal
185 cm.
Verbreitung und Lebensweise Von
Mittel- bis weit nach Südamerika. Die
Baumbewohner leben oft im Regenwald in der Nähe von Gewässern und
können tagelang auf einem kräftigen
Ast eines Baumes sitzen und dort
Blätter abweiden. Jungtiere sind häufig
auch auf Büschen zu finden.
Gesetzliche Bestimmungen Man muss
über den rechtmäßigen Erwerb einen
Herkunftsnachweis haben, eine Bescheinigung, aus der hervorgeht, dass
es sich um legal erworbene Tiere
handelt, und diese bei der Landschaftsbehörde anmelden.
Beschreibung Jungtiere sind hellgrün
gefärbt. Später werden die Echsen
häufig graugrün und haben auf dem
Körper einige dunkle Querstreifen.

Terrarientyp 4. GF 4 x 3 x 4 – 5fache
KRL. Am besten zieht man eine kleine
Gruppe von 4 bis 5 jungen Leguanen
groß, die durch häufigen Kontakt mit
Menschen bald ihre Scheu ablegen.
Später hält man sie paarweise oder als
Gruppe (1 Männchen, 2 bis 3 Weib-
chen). Die Einrichtung kann nur aus
sehr robusten, quer angebrachten

Lebensraum des Chuckwalla

hen. Innerhalb dieser Zeit ist die Beleuchtung für etwa 2 Monate völlig abzuschalten.

Futter Als Nahrung dienen alle möglichen Futterpflanzen, hin und wieder auch Insekten und andere Gliederfüßler, auch junge Mäuse. Im übrigen lecken sie gerne an einem Salzleckstein, wie man sie für Säugetiere bekommt.

Vermehrung Wenn nach der Überwinterung die Temperatur erhöht und die Beleuchtungsdauer gesteigert wird, sind häufig Paarungen zu beobachten. Trächtige Weibchen sind gierige Fresser, sie vertilgen auch Rindfleisch- oder Rinderherz-Stückchen. Die trächtige Weibchen haben an den Flanken Ausbuchtungen (Eier). Sie kriechen zur Eiablage in Kunsthöhlen, um an deren Ende die Eier abzulegen. Gelege umfassen 6 – 16 Eier. Sie sind unbedingt zu bergen und künstlich zu bebrüten. Bei fast konstanter Temperatur von 31 °C bebrütet, schlüpfen die quergestreiften Jungtiere nach etwa 70 – 78 Tagen. Bei

Temperaturen von 28 – 30 °C dauert es bis zum Schlupf etwa 93 – 96 Tage.

Ebenso zu halten Wüstenleguan *(Dipsosaurus dorsalis)*: bis 30 cm; paarweise Haltung möglich; vorwiegend Vegetarier; etwa 2 Monate bei 20 °C halten; Gelege 3 bis 8 Eier. Bei Temperaturen zwischen 32 – 33 °C schlüpfen Jungtiere schon nach etwa 43 – 45 Tagen. Jungtiere am besten einzeln aufziehen.

Wüstenleguan

Gefahr meist in Felsspalten, aber auch in Erdhöhlen. Ihre Nahrung besteht vorwiegend aus tierischer Kost. Sie verzehren aber auch Pflanzenteile wie Früchte, Blüten und Blätter. Im Sommer ist es in ihrem Lebensraum sehr heiß. In der Höhenlage der Sierra Madre Oriental können die Temperaturen im Juli bis etwa 34 °C, im Januar etwa 18 °C erreichen. Im Sommer fallen kaum, im Winter geringe Niederschläge.

Gesetzliche Bestimmungen Können frei gehandelt werden, ohne Auflagen oder Beschränkungen.

Beschreibung Männchen sind vor allem in der Fortpflanzungszeit auf der Oberseite blau, blaugrün oder grünlich und zu den Vorderbeinen hin gelb bis bronzefarben. Die Kehle ist intensiv blau gefärbt. Weibchen braun mit vereinzelten weißen und schwarzen Schuppen. Beide haben ein großes schwarzes, weiß umrandetes Halsband.

Terrarientyp 5. GF 5 x 4 x 6fache KRL. Paarweise halten.

Klima Terrarium sehr hell ausleuchten (HQL- oder HQI-Lampen). Tagsüber 28 – 33 °C, lokal 40 °C. Nachts Zimmertemperatur (ca. 15 – 20 °C). Morgens und abends leicht sprühen! Winterruhe für 5 – 8 Wochen bei etwa 20 °C, Reduzierung der Beleuchtungslänge auf 9 – 10 Stunden täglich.

Futter Neben den üblichen Futterinsekten auch Löwenzahnblätter, -blüten, Obst, usw.

Vermehrung Nach der Winterruhe erfolgen Paarungen, z. T. bis in den Herbst. Junge Weibchen gebären im folgenden Frühjahr 2 – 4, ältere Weibchen 6 – 18 (maximal 20) etwa 60 – 70 mm lange Jungtiere.

Oberes Bild:
Männlicher Blauer Stachelleguan

Unteres Bild:
Weibchen

Blauer Stachelleguan
(Sceloporus cyanogenys)

Gesamtlänge Bis 36 cm.
Verbreitung USA (S-Texas) bis NO-Mexiko. Diese Leguane bevorzugen felsige Bereiche und flüchten bei

Malachit-Stachelleguan
(Sceloporus malachiticus)

Gesamtlänge Bis 20 cm.
Verbreitung Mittelamerika: S-Guatemala und Honduras über Nicaragua und Costa Rica bis nach Panama. Leben im unteren Bereich von Bäumen, aber auch an Felsen und Legsteinmauern in Gebieten mit ständig feinen Niederschlägen (Nebel) bis in 2000 m ü. NN. Nachts kann es sehr kalt werden.
Gesetzliche Bestimmungen Frei handelbar, ohne Auflagen.
Beschreibung Männchen sind auf der Oberseite smaragdgrün gefärbt. Auf beiden Halsseiten haben sie einen schwarzen Fleck, die Kehle ist türkis. Weibchen sind meist hellgrau bis rötlich-braun, manchmal auch schwach grünlich gefärbt. Halsflecken fehlen.

Terrarientyp 4 oder 5. GF 4 x 5 x 6fache KRL. Rückwand mit Klettermöglichkeiten gestalten.
Klima: Die Temperaturen sollten tagsüber 28 – 33 °C, lokal 35 °C erreichen. Nachts genügen Zimmertemperaturen (ca. 15 – 20 °C). Morgens und abends gut sprühen! Beleuchtungsdauer 12 Stunden täglich. Im Winter 4 – 6 Wochen bei Temperaturen um 15 °C halten, Beleuchtungsdauer täglich 6 – 8 Stunden.
Futter Insekten und deren Larven sowie andere Gliederfüßer (Grillen, Heimchen, Wachsmotten, Heuschrecken, kleine Schaben).
Vermehrung Paarweise halten. Nach der Winterruhe Temperatur und Beleuchtung wieder erhöhen. Die Paarungen finden vor allem im Frühjahr statt. Es werden gewöhnlich 3 – 5 Jungtiere geboren. Aufzucht nicht zu trocken!

Malachit-Stachelleguan-Paar

Linkes Bild:
Drohendes
Männchen

Rechtes Bild:
Jungtier

Dickkopfanolis
(Anolis cybotes)

Gesamtlänge Männchen bis 20 cm
(KRL bis 7,7 cm), Weibchen 18 cm (KRL
bis 6,6 cm).
Verbreitung und Lebensweise Hispaniola (Dominikanische Republik, Haiti)
und einige vorgelagerte Inseln. Leben
in Bodennähe an Baumstämmen sowohl
in schattigen Wäldern als auch lichten,
trockenen Ebenen. Als Kulturfolger
findet man sie selbst in größeren Ortschaften. Sitzen häufig kopfunter an
einer senkrechten Fläche (Rinde, Mauer
usw.), wobei der Kopf oft rechtwinklig
zum Körper gehalten wird. Jungtiere
halten sich eher im Bodenbereich auf.
Tagsüber herrschen häufig Temperaturen von 25 – 32 °C, nachts etwa 20 – 25 °C.
Gesetzliche Bestimmungen Keine.
Beschreibung Gedrungener Körperbau.
Die Anolis haben eine graubraune über
braunrote bis dunkelbraune Grundfarbe. Ihre Zeichnung ist variabel und
kann aus jeweils zwei hellen bis grünlichen Lateralstreifen bestehen. Auf
der Oberseite der kräftiger gebauten
Männchen findet man oft Querbänder.
Der Augenring ist hellbraun. Weibchen
mit rhombischem, an den Seiten dunkel
eingefasstem Dorsalband. Männchen
mit großer, weißer bis hellgrauer Kehlfahne. 3 Unterarten.
Terrarientyp 4 oder 5. GF 6x 6 x 8fache
KRL. Paarweise. Es müssen genügend
Klettermöglichkeiten vorhanden sein
(Rückwand mit Rinde bekleben).
Klima 22 – 28 °C, lokal 30 °C. Morgens
sprühen.
Futter Insekten wie Grillen, kleine
Heuschrecken, Fliegen und „Wiesenplankton“.
Vermehrung Weibchen vergraben die
Eier im Boden. Jungtiere schlüpfen bei
23 – 28 °C nach etwa 30 bis 40, manchmal auch erst nach 55 Tagen.
Ebenso zu halten *Anolis distichus, Anolis*
porcatus, Anolis chlorocyanes, Norops
homolechis.

Brauner Anolis
(Anolis (Norops) sagrei)

Gesamtlänge Bis 18 cm, Weibchen bleiben kleiner.

Verbreitung und Lebensweise Kuba, Jamaika, USA (Florida), Bahamas und Mittelamerika. Sehr anpassungsfähig. Gehört zwar zu den Bodenanolis, jedoch besetzen die Männchen gerne erhöhte Sitzwarten, wie z. B. Zaunpfosten oder Mauern. Weibchen und Jungtiere halten sich mehr im Bodenbereich auf.

Gesetzliche Bestimmungen Keine.

Beschreibung Kurzer Kopf und stumpfe Schnauze. Männchen haben im Nackenbereich eine Hautfalte, die sich bei Erregung aufrichtet. Grundfarbe variiert von grau- bis schokoladenbraun, am Kopf manchmal rötlich. Darauf viele kleine weiße Pünktchen. Bei den Weibchen findet man einen gelblichen Rückenstreifen, außerdem ein Rautenmuster entlang der Rückenmitte. Männchen haben eine rote Kehlfahne mit gelber Umrandung. 5 bis 6 Unterarten.

Terrarientyp 4. GF 6 x 6 x 8fache KRL. Paarweise oder 1 Männchen und 2 bis 3 Weibchen. Kletter- und Versteckmöglichkeiten bieten. Ein Teil sollte bepflanzt sein und täglich leicht besprüht werden.

Weiblicher Brauner Anolis

Klima Tagsüber 22 – 28 °C, lokal 35 °C, nachts Zimmertemperatur. Im Winter sollte man die Beleuchtung etwas reduzieren und den Wärmestrahler täglich nur zeitweise einschalten.

Vermehrung Paarungen fast ganzjährig. Bei kühleren Temperaturen legen die Tiere Pausen ein. Die Weibchen vergraben etwa in Abständen von 2 Wochen je ein Ei im Bodengrund. Bei 22 – 28 °C schlüpfen die Jungtiere nach etwa 35 – 45 Tagen.

Ebenso zu halten Rotkehlanolis (*Anolis carolinensis*).

Drohendes Männchen

Farbenprächtiger
Leopardgecko

Leopardgecko
(Eublepharis macularius)

Gesamtlänge Bis 22 cm.
Verbreitung und Lebensweise Vom
Ost-Iran über Afghanistan, Pakistan bis
NW-Indien. Trockene bis halbtrockene
Wüstengebiete. Verbringen den Tag
unter Steinen oder in Erdhöhlen. Er-
nähren sich vor allem von Insekten
und anderen Arthropoden sowie deren
Larven.
Gesetzliche Bestimmungen Keine.
Beschreibung Grundfarbe grau bis
gelb. Auf der Oberseite findet man sehr
variabel angeordnete bräunliche bis
schwarze Punkte. Füße ohne Haftlamel-

len. An den Zehen findet man eine
kleine Kralle. Der Originalschwanz ist
leicht gewirtelt und kürzer als die KRL.
Bauch weiß.
Terrarientyp 6. GF 4 x 3 x 2fache KRL.
Man kann ein Männchen und 2 – 3
Weibchen gemeinsam halten. Die
Bodenbewohner verlassen in der Däm-
mung ihre Versteckplätze und sind
nachts aktiv. Einige flache Einrichtungsgegenstände wie Steine, Wurzeln
u. ä. werden bei der Nahrungssuche
gerne erklettert. Wasserschale nicht
vergessen!
Klima Tagsüber sind Temperaturen um
25 – 30 °C, lokal 35 – 40 °C erforderlich,
nachts etwa 20 – 23 °C. LF etwa 60 %.
Morgens leicht sprühen.
Futter Alle möglichen Arthropoden
und deren Larven.
Vermehrung Eine etwa 3 – 4 Wochen
dauernde kühlere Haltung (15 °C) fördert anschließend häufig die Fortpflanzungsbereitschaft. Ab Mitte Oktober
nicht mehr füttern und Temperaturen
im Verlauf von zwei Wochen auf etwa
5 – 10 °C senken sowie die Beleuchtungsdauer reduzieren. Selbst bei Temperaturen um 10 °C können die Leopardgeckos noch ihre Verstecke verlassen.
Ab Anfang Januar die Temperaturen
und Beleuchtungsdauer über einen
Zeitraum von zwei Wochen langsam
wieder erhöhen; bald darauf kommt
es zu Paarungen. Die Gelege bestehen
meist aus zwei ungefähr 25 – 28 x
15 – 16 mm großen, weichschaligen
Eiern, die die Weibchen in leicht feuchtem Substrat vergraben. Im Verlauf
einer Saison können bis etwa Mitte
August 7 – 8 Gelege produziert werden.
Bei Bruttemperaturen von 27 – 29 °C

Afrikanischer
Bodengecko

schlüpfen die sehr kontrastreich
gefärbten Jungtiere nach etwa 45 –
53 Tagen. Bei 26 – 28 °C dauert es nur
35 – 42 Tage. Vorsicht: Herrscht im
Brutschrank längere Zeit eine Temperatur von über 30 °C, sterben die Embryonen ab.

Ebenso zu halten Afrikanischer Bodengecko *(Hemitheconyx caudicinctus):*
Westafrika, vom Senegal bis Kamerun;
GL 20 cm; können als Zuchtgruppe
(1 Männchen und 2 – 3 Weibchen) gehalten werden. Die Bodenbewohner sollten nicht zu trocken gehalten werden.

Leopardgeckos

Großer Madagas-
kargecko (Männ-
chen)

Großer Madagaskar-Taggecko
(Phelsuma madagascariensis grandis)

Gesamtlänge 28 bis 30 cm.
Verbreitung und Lebensweise Nord-
Madagaskar und Nosy-Bé. Sitzen oft
mit dem Kopf nach unten an Bäumen,
Häusern und Hütten (Kulturfolger).
Tagaktive Geckos, die auch bei Kunst-
licht aktiv sein können und Beute
jagen.
Gesetzliche Bestimmungen Geschützte
Tiere. Man benötigt eine Bescheini-
gung, aus der hervorgeht, dass es sich
um legal erworbene Tiere handelt.
Beschreibung Grundfärbung besteht
aus einem leuchtenden Grün. Von den
Nasenlöchern zieht ein roter Strich bis
zum Auge. Zwischen den Augen ist
eine rote Winkelzeichnung vorhanden.
Auf dem Rücken findet man große rote
Jungtier   Flecken oder Binden. Männchen er-

kennt man an der kräftigeren Schwanzwurzel, dem breiteren Kopf und den deutlicheren Präanofemoralporen.

Terrarientyp 6. GF 6 x 6 x 8fache KRL. Das hohe Terrarium kann gut bepflanzt werden und muss mit kräftigen Bambusstäben ausgestattet sein, deren oberer Hohlraum so lang wie das Weibchen sein sollte.

Klima Täglich ist zu sprühen. Tagsüber sind Temperaturen von 25 – 28 °C, lokal etwa 40 °C, nachts 20 – 22 °C erforderlich.

Futter Sie verzehren alle möglichen Arthropoden, lecken aber auch gerne an Honig und süßem Obst (z. B. Banane). Letzteres darf jedoch nicht zu oft gereicht werden.

Vermehrung Paarungen erfolgen fast ganzjährig, vor allem jedoch, wenn man einige Zeit die Temperaturen etwas niedriger hält und dann wieder erhöht. Die Weibchen legen in die oberen Hohlräume der Bambusstäbe meist Doppeleier, die man herausnehmen und in einen Brutapparat überführen sollte. Bei 28 °C und einer LF von 70 % dauert es bis zum Schlupf der Jungtiere etwa 60 – 65 Tage, bei 25 °C etwa 79 Tage. Die Jungtiere sind einzeln aufzuziehen.

Ebenso zu halten Fast alle weiteren Taggeckos der Gattung *Phelsuma* können so gehalten werden, wie z. B. Pfauenaugen-Taggecko *(Phelsuma quadriocellata,* O-Madagaskar, Perinet), Sägeschwanz-Taggecko *(Phelsuma serraticauda,* O-Madagaskar), Standings Taggecko *(Phelsuma standingi,* manche Weibchen legen ihre Eier am Boden unter Laub ab).

Pfauenaugen-Taggecko

Grüne Madagaskar-Ringel-schildechse
(Zonosaurus haraldmeieri)

Gesamtlänge 42 bis 43 cm.
Verbreitung und Lebensweise Nord-Madagaskar. Bevorzugen lockere Baum- und Buschbereiche mit etwas Feuchtig-keit. Die Echsen graben unter Steinen, Wurzeln oder ähnlichem Höhlen, in die sie sich nachts und bei Gefahr zu-rückziehen. Als Nahrung dienen alle möglichen Arthropoden.
Gesetzliche Bestimmungen Keine.
Beschreibung Die Oberseite ist gelb-grün, die Flanken sind schmutzig-weiß, silbergrau bis hell bräunlich. Der Rücken und die Flanken sowie Schwanz und Gliedmaßen sind mit kleinen schwar-zen Flecken übersät, die vor allem im hinteren Rückenbereich Quer- und Längsreihen bilden. Auf der bräunli-chen Kopfoberseite findet man einige schwarze Pünktchen.
Terrarientyp 3 oder 6. GF 6 x 3 x 2fache KRL. Paarweise Haltung empfehlens-wert. Man versenkt in den Bodengrund eine Kunsthöhle. Etwa ein Drittel der Bodengrundfläche wird immer leicht feucht gehalten. Liegende Äste, Steine und Wurzeln bieten Klettermöglich-keiten.
Klima Tagsüber sind Temperaturen von 25 – 28 °C, lokal 40 °C erforderlich. Täglich sprühen. Von September bis Mitte/Ende Oktober sollten die Echsen bei 20 °C eine Ruhephase einhalten. Anschließend erhöht man die Tem-peraturen wieder und sprüht täglich 2- bis 3mal.

Schlüpfling der Grünen Madagas-kar-Ringelschild-echse

Riesen-Ringel-
schildechsen-Paar

Vermehrung Nach der Ruhephase paaren sich die Echsen. Die Weibchen legen etwa 3 – 4 Wochen nach der Paarung 4 – 6 weiße Eier (25 – 27 x 14 – 16 mm) in selbst gegrabene Gruben, die sie anschließend wieder zuscharren. Bei Temperaturen von 26 – 30 °C und hoher LF schlüpfen die 10 – 11,5 mm langen Jungtiere nach 88 – 115 Tagen, bei konstant 29 °C nach etwa 90 Tagen.

Ebenso zu halten Zwerggürtelschweif *(Cordylus tropidosternum)*: Süd-Afrika, ovovivipar, 2 – 4 Jungtiere pro Wurf. Gelbkehlige Schildechse *(Gerrhosaurus flavigularis)*: Süd- und Ostafrika, pro Gelege 3 – 8 Eier, bei 22 – 28 °C Schlupf nach 70 – 153 Tagen (Diapause möglich). Sudan-Schildechse *(Gerrhosaurus major)*: Ost- und Südost-Afrika, 2 – 3 Eier pro Gelege, bei 29 – 30 °C Schlupf nach 69 – 77, maximal 145 Tagen, können bei der Entwicklung eine Diapause einlegen. Karsten-Ringelschildechse *(Zonosaurus karsteni)*: Riesen-Ringelschildechse *(Zonosaurus maximus)*; Vierstreifen-Ringelschildechse *(Zonosaurus quadrilineatus)*. Alle Jungtiere können in Gruppen aufgezogen werden, solange sie etwa die gleiche Größe haben.

Grüne Madagaskar-
Ringelschildechse
bei der Eiablage

Oben:
Männliche Zaun-
eiechse

Mitte:
Weibliche Zaun-
eidechse

Unten: Smaragd-
eidechse

Zauneidechse
(Lacerta agilis)

Gesamtlänge 24 – 27 cm.
Verbreitung und Lebensweise Süd-
England und Frankreich über Dänemark,
Südschweden bis zum Baikalsee im

Osten. Nördliche Balkan-Halbinsel und
Kaukasusgebirge bis nach Mittelasien.
Gesetzliche Bestimmungen Man benötigt eine Bescheinigung, aus der hervorgeht, dass man die Eidechsen legal
erworben hat. Die Haltung muss bei der
Landschaftsbehörde angezeigt werden.
Beschreibung Zauneidechsen können
in Färbung, Zeichnung und Beschup-
pung je nach Verbreitungsgebiet sehr
variieren. Auf der Rückenmitte befindet
sich ein Band schmaler Schuppen. Es
hebt sich deutlich von den äußeren
breiten Rückenschuppen ab. Die Grundfarbe besteht meistens aus der grauen
bis braunen Oberseite mit 1 – 3 hellen,
durchgängigen oder unterbrochenen
Längsstreifen. Dazwischen schwarze
Fleckenreihen. Flanken schwarz und
weiß gefleckt. Männchen haben vor
allem zur Paarungszeit grüne Flanken
und eine grüne Kehle. Diverse Unterarten.
Terrarientyp 3, 7, 9. GF 100 x 50 cm. In
einer ausbruchsicheren Freilandanlage
kann man sie auch ganzjährig halten.
Klima Tagsüber 20 – 26 °C, lokal 30 °C.
Überwinterung bei 4 – 6 °C an einer
dunklen Stelle für etwa 3 – 4 Monate.
Futter Alle möglichen Insekten und
andere Arthropoden, auch Asseln,
Regenwürmer.
Vermehrung Die Tiere geraten nach
der Überwinterung in Fortpflanzungsstimmung. Weibchen können 1 – 2mal
im Jahr 4 – 14 Eier legen. Bei 27 – 28 °C
schlüpfen Jungtiere nach 41 – 43 Tagen.
Ebenso zu halten Smaragdeidechse
(Lacerta viridis): Gelege 5 – 22 Eier, bei
28 – 30 °C Schlupf nach 43 – 55 Tagen.
Westliche Smaragdeidechse (Lacerta
bilineata).

Perleidechse

Perleidechse
(Timon lepidus)

Gesamtlänge Bis 60 cm (maximal 90 cm).

Verbreitung und Lebensweise Süd-Frankreich und auf der gesamten Iberischen Halbinsel, äußerster Nordwesten Italiens. In Höhen bis zu 2100 m ü. NN. Leben in felsigem Gelände mit starker Sonneneinstrahlung. Fliehen oft lautstark in Dorngestrüpp oder in ihren Unterschlupf. Plündern auch Vogelnester und können auf Bäume flüchten.

Gesetzliche Bestimmungen Man benötigt eine Bescheinigung, aus der hervorgeht, dass man die Eidechsen legal erworben hat. Die Haltung muss bei der Landschaftsbehörde angezeigt werden.

Beschreibung Größte Eidechse Europas. Grundfärbung der Oberseite grünlich, manchmal bräunlich. Schwarze Flecken bilden Netzmuster oder Rosetten.

Terrarientyp 5. GF 200 x 100 cm.
Klima Tagsüber 20 – 26 °C, lokal 40 °C. Morgens sprühen. Überwinterung (Oktober bis Februar) bei 4 – 6 °C an einer dunklen Stelle.
Futter Alle möglichen Insekten und andere Arthropoden, auch Asseln, Regenwürmer, Mäuse. Auch Früchte anbieten, die hin und wieder ebenfalls gefressen werden.
Vermehrung Nach der Überwinterung folgt die Fortpflanzungszeit. Die Weibchen können je nach Alter pro Gelege 5 – 24 Eier ablegen. Bei Temperaturen von 28 – 30 °C und hoher LF dauert es bis zum Schlupf der Jungtiere 66 – 88 Tage.

Junge Perleidechse

Buschkrokodil
(Tribolonotus gracilis)

Gesamtlänge 20 cm.

Verbreitung und Lebensweise Irian Jaya, Papua-Neuguinea, Admiralty Islands und Karkar. Buschkrokodile leben dort im Regenwald und an den Rändern von Kokosplantagen. Dämmerungs- und nachtaktiv. Leben bevorzugt im Unterholz, unter alten Baumstämmen u. ä. in der Nähe von Gewässern. Ausgezeichnete Schwimmer.

Gesetzliche Bestimmungen Keine.

Beschreibung Baumkrokodile besitzen einen kräftigen, stark gepanzerten Körper. Ihr Rücken ist mit 4 Reihen großer Stachelschuppen besetzt, die bis auf den Schwanz ziehen. Die Grundfarbe ist ein dunkles Braun, die Flanken sind etwas heller. Bei den Männchen befinden sich helle, fast weiße Poren zwischen der 3. und 4. Zehe der Hinterbeine und die dunkle Schwanzfärbung geht auf der Bauchseite langsam in einen helleren Farbton über. Bei den Weibchen gibt es manchmal einen abrupten Farbwechsel.

Terrarientyp 2 oder 4. GF 6 x 4 x 4fache KRL. Einzeln halten oder paarweise.

Der Bodengrund sollte aus einer etwa 10 cm hohen, stets leicht feuchten, lockeren Substratschicht (Erde, Humus, Moos) bestehen. Ein Wasserbecken mit einer Wassertiefe von bis zu 15 cm ist ebenfalls erforderlich. Viele Versteckmöglichkeiten bieten.

Klima Tagestemperatur um die 22 – 25 °C, lokal 35 °C. Nachts etwa 20 °C. Morgens sprühen. LF sollte etwa bei 80 – 90 % liegen.

Futter Arthropoden und deren Larven; zurückhaltend füttern.

Vermehrung Geschlechtsreife Tiere haben einen auffälligen gelben Fleck am Kinn. Die Männchen werden im Alter von etwa 3 Jahren geschlechtsreif, die Weibchen erst 1 bis 2 Jahre später. Die Weibchen legen jeweils nur 1 Ei ab, da Eierstock und Eileiter auf der linken Seite vermutlich verkümmert sind und daher kein zweites Ei ausgebildet werden kann. Der Abstand zwischen zwei Eiablagen beträgt etwa 9 bis 10 Wochen. Die Inkubation dauert bei 24 – 26 °C ungefähr 70 – 90 Tage. Jungtiere getrennt von den Eltern halten! Jungtiere dürfen nur ein flaches Wasserbecken haben, da sie sonst ertrinken können.

Buschkrokodil

Gebänderter Blauzungenskink
(Tiliqua multifasciata)

Gesamtlänge Bis 45 cm.

Verbreitung und Lebensweise Australien. Bodenbewohner der trockenen bis mäßig feuchten Habitate. Diese Gebiete sind oft mit Felsformationen durchsetzt.

Gesetzliche Bestimmungen Blauzungenskinke gehören zu den geschützten Arten. Man muss über den legalen Erwerb eine Bescheinigung haben und den Landschaftsbehörden die Haltung mitteilen.

Beschreibung Kräftiger, abgeflachter walzenförmiger Körper mit relativ kurzem Schwanz und sehr kleinen Beinen. Der Kopf ist relativ groß, dreieckig und deutlich vom Rumpf abgesetzt. Die Färbung variiert von grau bis cremegelb. Über den Rücken ziehen 9 bis 12 breite, gelbbraune bis orangerote Querbinden. Werden die Skinke bedroht, reißen sie ihr Maul weit auf und präsentieren die rausgestreckte blaue Zunge.

Terrarientyp 6. GF 6 x 4 x 3fache KRL. Sandboden. Viele Versteckmöglichkeiten bieten.

Die namensgebende blaue Zunge

Klima Tagestemperaturen von 25 – 28 °C, lokal 40 °C. Täglich leicht sprühen. Wassernapf nicht vergessen.

Futter Diverse Insekten und deren Larven, auch Hunde-Dosenfutter und Früchte.

Vermehrung Nach der Paarung entwickeln sich die Eier im Weibchen und es werden meist vier Jungtiere „geboren".

Gebänderter Blauzungenskink

Krokodilschwanz-
echsen-Männchen

Krokodilschwanzechse
(Shinisaurus crocodilurus)

Gesamtlänge Meist 30–45 cm, maximal 60 cm.

Verbreitung und Lebensweise Süd-China. Im Jahr 2002 wies man Krokodilschwanzechsen auch für das nordöstliche Vietnam, in der Provinz Quang Ninh, nach. Sie leben immer in unmittelbarer Nähe von schwach fließenden oder stehenden Gewässern.

Gesetzliche Bestimmungen Gehören zu den geschützten Arten. Man muss über den legalen Erwerb eine Bescheinigung haben und den Landschaftsbehörden die Haltung mitteilen.

Beschreibung Die Färbung und Zeichnung kann sehr stark variieren und besteht auf der Oberseite vorwiegend aus Braun- und Rottönen. Die Unterseite ist gelblich, orange bis rot. Auf den Flanken findet man mehr oder weniger rote Flecken und in der Schulterregion zwei große schwarze Flecken. Bei Chinesischen Krokodilschwanzechsen lassen sich die Geschlechter optisch nur schlecht unterscheiden. Weibchen haben gewöhnlich einen kleineren, rundlicheren Kopf, jedoch ist dies kein sicheres Merkmal. Kann man jedoch eine Paarung beobachten, weiß man nun mit Sicherheit das jeweilige Geschlecht der Echsen.

Terrarientyp 2 oder 4, mit Wasserbecken. GF 6 x 4 x 4fache KRL. Paarweise Haltung oder ein Männchen und
mehrere Weibchen, wenn das Terrarium sehr groß ist. Geräumiges Wasserbecken erforderlich.
Klima Tagsüber 23 – 26 °C, nachts etwas
kühler, lokal 35 °C. Im Winter kühler
halten.
Futter Insekten und deren Larven,
bevorzugt jedoch Tau- und andere
Regenwürmer.
Vermehrung Paarungen finden im
Wasser statt, ebenfalls die „Geburt" der
Jungtiere. Das Weibchen kann bis zu
15 Jungtiere in einem Wurf gebären,
meist sind es jedoch weniger. Jungtiere
sollte man einzeln aufziehen, damit
man sieht, ob sie auch fressen (kleine
Regenwürmer). Tippt man kurz die
Schnauze an, reißen sie das Maul auf
und man kann einen Regenwurm hin-
eingeben. So kann man älteren Tieren
auch Medikamente geben.

Krokodilschwanz-
echsen-Weibchen

Krokodilschwanz-
echsen bei der
Paarung

Top End bis zum Golf von Carpentaria), die Unterart *V. a. brachyurus* im übrigen Verbreitungsgebiet. Im Lebensraum gibt es kleinere Felsenansammlungen. Dort ziehen sich die Echsen abends oder bei Störungen in Felsspalten zurück, aber auch auf Bäume, unter Steinplatten, in Baum- und Erdhöhlen usw. Zur Verteidigung schlagen sie mit dem Schwanz. Sie ernähren sich vor allem von Insekten, aber auch kleinen Wirbeltieren (z. B. Echsen). Dabei jagen sie nicht, sondern lauern ihrer Beute auf.

Gesetzliche Bestimmungen Geschützte Art. Eine Bescheinigung über den legalen Erwerb ist erforderlich und den Behörden muss die Übernahme gemeldet werden.

Beschreibung Grundfarbe braun bis rötlich-braun. Auf dem Rücken findet man ein dunkelbraunes Netzmuster, das aus vielen kleinen bis mittelgroßen dunklen und gelben Punkten, Linien und/oder Augenflecken (Ozellen) besteht. Dabei haben die Ozellen oft 1 bis 2 dunkle Zentralschuppen. Der braune

Stachelschwanzwaran
(Varanus acanthurus)

Gesamtlänge 60 bis 70 cm (KRL bis 25 cm), Weibchen meist kleiner.
Verbreitung und Lebensweise West-, Nord- und Zentral-Australien sowie einige Inseln vor der Nordküste. *Varanus acanthurus acanthurus* lebt im nördlichen Teil des Verbreitungsgebietes (Broome über die Kimberleys,

Stachelschwanz-
warane in ihrem
Terrarium

Stachelschwanz-
waran-Paar

Kopf und Nacken wird von gelblichen Flecken unterbrochen, die häufig Längsstreifen bilden. Die Nasenlöcher sind seitlich angeordnet, etwa in der Mitte zwischen Auge und Schnauzen-spitze. Seitlich des Kopfes zieht ein dunkelbrauner Streifen durch das Auge bis über die Halsregion, begrenzt durch hellgelbe Streifen bzw. Reihen bildende gelbe Flecken. Der dunkelbraune Schwanz besitzt Schuppen, die in Rin-gen angeordnet sind. Sie sind hellbraun bis gelblich und bilden Querbänder. Bauch weiß-gelblich und manchmal schwach gefleckt. Männchen besitzen beiderseits der Kloakenöffnung gut ausgeprägte Stachelschuppen an der Schwanzbasis. Die Unterart *V. a. bra-chyurus* hat eine im Vergleich zu den übrigen Unterarten relativ geringere Schwanzlänge (1,5fache KRL). Die melanistische Unterart *V. a. insulanicus* besitzt auf dem Rücken eine intensivere Ozellenzeichnung.

Terrarientyp 5. GF 5 x 2 x 2fache KRL. Am besten paarweise halten. Als Boden-grund eignet sich vor allem Sand.

Unterirdische Höhlen bilden Versteck-möglichkeiten und werden auch zur Eiablage aufgesucht.

Klima Tagsüber 25 – 30 °C (lokal 38 – 50 °C), nachts etwa 20 °C. Das Terra-rium muss gut ausgeleuchtet werden. Morgens ausgiebig sprühen. Im Winter kann die Temperatur bis auf 14 – 16 °C sinken.

Futter Alle möglichen Arthropoden, auch junge Mäuse.

Vermehrung Mit etwa 11 cm KRL sind diese Echsen meist geschlechtsreif. Hält man das Männchen für einige Monate im Jahr vom Weibchen ge-trennt und setzt es dann wieder dazu, gerät es anschließend häufig in Paa-rungsstimmung. Es sind in einer Saison 2 – 3 Gelege möglich. Ein Gelege be-steht häufig aus 5 – 12 (maximal 18) Eiern. Offenbar beeinflusst die Brut-temperatur das entstehende Geschlecht. Inkubiert man Gelege auf feuchtem Vermiculite bei 26 – 30 °C und 85 – 95 % LF erfolgte der Schlupf nach 101 – 147 Tagen, bei 27 – 30 °C dauert es etwa 120 Tage.

Rückenstreifen-
Zierschildkröte
beim Sonnenbad

Gelbwangen-
Schmuckschild-
kröte

Rückenstreifen-Zierschildkröte
(Chrysemys dorsalis)

Carapaxlänge Männchen bis 13 cm,
Weibchen bis 16 cm.
Verbreitung und Lebensweise USA
(Louisiana, Arkansas, O-Texas bis Alabama und SO-Missouri). Bevorzugt
langsam fließende Gewässer, vegetationsreiche Teiche und Tümpel, auch in
Brack- und Abwasser. Aus dem Wasser
ragende Gegenstände (z. B. Baumstäm-
me, Steine usw.) werden an geschützten
Stellen für ausgiebige Sonnenbäder
genutzt. Die Fortpflanzungszeit geht
von März bis Mitte Juni. Eiablagen
erfolgen von Ende Mai bis Mitte Juli.
Im nördlichen Verbreitungsbereich
sind 1 – 2, im südlichen 2 – 4 Eiablagen
möglich.
Gesetzliche Bestimmungen Keine.
Beschreibung Der Carapax (Rückenpanzer) ist relativ flach, glatt und grün-
braun bis dunkelbraun. An Kopf, Hals,
Beinen und auf dem Schwanz befinden
sich gelbliche bis rötliche Streifen. An
den Hinterbeinen findet man kräftige

Schwimmhäute. Männchen haben eine
dickere Schwanzwurzel als Weibchen.
Terrarientyp 2. GF 6 x 3fache Panzerlänge. 1 Männchen mit 2 – 3 Weibchen.
Im Hochsommer Freilandhaltung.
Klima Wasser ca. 22 – 25 °C, Luft
26 – 27 °C, lokal 35 °C. Im Winter für
einige Wochen bei 4 – 8 °C halten.
Futter Vorwiegend tierische Kost.
Vermehrung Paarungen erfolgen häufig
bald nach der kühleren Zeit. Die Gelege
können je nach Größe des Weibchens
4 – 6 weichschalige Eier (ca. 32 x 19 mm)
umfassen; Carapaxlänge der Schlüpflinge ca. 25 – 30 mm. Bebrütet man die
Eier bei Temperaturen von 25 – 30 °C
und hoher LF, schlüpfen die Jungtiere
nach etwa 41 – 67 Tagen. Bei 22 – 27,5 °C
schlüpfen männliche, bei 29 – 32 °C
weibliche Nachkommen.
Ebenso zu halten Gelbe Sumpfschildkröte *(Cathaiemys mutica)*: 3 – 4 Monate
Überwinterung; 1 – 2, selten 4 Eier; bei

Diamantschild-
kröte

28 – 30 °C Schlupf nach 65 – 70 Tagen. Diamantschildkröte *(Malaclemys terrapin)*: dem Wasser etwas Salz zufügen (Brackwasser); 2 Monate Überwinterung; 4 – 12 Eier, bei 29 – 32 °C schlüpfen weibliche Jungtiere nach 55 Tagen. Gewöhnliche Schmuckschildkröte *(Pseudemys concinna)*: 2 Monate Über-

winterung; 6 – 17 (maximal 19) Eier: Bei 23 – 30 °C Schlupf nach 66 – 114 Tagen. Gelbwangen-Schmuckschildkröte *(Trachemys scripta scripta)*: wird sehr häufig angeboten: Gelege meist 5 – 9 Eier, bei 28 °C Schlupf nach etwa 60 – 65 Tagen; bei 21 – 27 °C schlüpfen männliche, bei 29 – 32 °C weibliche Nachkommen.

Gewöhnliche
Schmuckschild-
kröte

Falsche Landkarten-Höckerschildkröte
(Graptemys pseudogeographica)

Carapaxlänge Männchen bis 14,6, Weibchen bis 27,3 cm.
Verbreitung und Lebensweise *Graptemys. p. pseudogeographica*: USA (Flusssysteme des Missouri und des oberen Mississippi, nordwärts bis zum südlichen North Dakota und nordwestlichen Ohio); *Graptemys. p. kohnii*: O-Texas bis SO-Kansas, W-Mississippi, S-Illinois und der untere Missouri River in Missouri). Stehende und langsam fließende Gewässer mit meist dichter Vegetation. Ernähren sich vorwiegend von Algen, Wasserpflanzen und anderen pflanzlichen Materialien, aber auch von Insekten, Schnecken, Muscheln und Fisch. Die Fortpflanzungszeit beginnt im Herbst, ist aber wesentlich auf das Frühjahr konzentriert.
Gesetzliche Bestimmungen Keine.
Beschreibung Carapax oliv bis braun, auf den Rippenschildern netzförmige Zeichnung. Marginalschilder mit hellen Linien. Mittelkiel kräftig, endet auf dem zweiten und dritten Wirbelschild mit dunklerem Sporn. Er ist bei Jungtieren deutlicher ausgeprägt. Panzerhinterrand gesägt. Plastron hellgelblich; zwei dunkle Linien bilden eine symmetrische Figur, die mit fortschreitendem Alter immer blasser wird. Dunkle Linien auch auf der Brücke und Unterseite der Randschilde. Weichteile grau bis oliv, gelbe Streifen an Hals und Gliedmaßen.

Falsche Landkarten-Höckerschildkröte

Oachita-Höcker-
schildkröten beim
Sonnenbad

Gelbe hintere Augenlinie schmal. Kiefer ohne vergrößerte Flecken. Beine mit wenigen Streifen. Charakteristischer kleiner gelber Hinteraugenfleck, endet in Augenhöhe. Auge mit dunkler horizontaler Linie. Männchen haben einen längeren und dickeren Schwanz und lange Krallen an den Vorderbeinen. Ihr Kopf wirkt kleiner als bei Weibchen. *Graptemys p. kohnii* unterscheidet sich von *Graptemys p. pseudogeographica* im wesentlichen durch die sichelförmige gelbe Zeichnung hinter dem Auge und das Fehlen der dunklen Augenlinie.
Terrarientyp 2. GF 5 x 4fache Panzerlänge für 1 Paar. Man kann sie aber besser in Gruppen halten (1 Männchen und 2 bis 4 Weibchen).
Klima Wasser ca. 22 – 25 °C, Luft 26 – 27 °C, lokal 35 °C. Im Winter für einige Wochen bei 4 – 8 °C halten.
Futter Vorwiegend tierische Kost.
Vermehrung Nach der Überwinterung die Temperaturen und die Beleuchtungsdauer langsam wieder auf 12 Stunden pro Tag erhöhen. Die Weibchen können pro Gelege 4 – 15 elliptisch geformte Eier mit derber, elastischer Schale legen, die Weibchen der Unterart *G. p. kohnii* nur 2 – 7. Bei 28 – 32 °C bebrütet schlüpfen Jungtiere nach etwa 90 Tagen, bei konstant 28 °C nach 57 – 63 Tagen. Bei 25 °C schlüpfen männliche, bei 30 – 33 °C weibliche Nachkommen. Jungtiere haben dann eine Panzerlänge von 25 – 33 mm. Ihr schwarzer Kiel ist auf den ersten drei Wirbelschildern besonders gut entwickelt. Jungtiere zieht man am besten in Gruppen auf (Futterneid).
Ebenso zu halten Barbours Höckerschildkröte *(Graptemys barbouri)*: USA (Flusssysteme des Apalachicola und des Chipola im SO Alabamas, SW Georgias und W Floridas). Gelbtupfen-Höckerschildkröte *(Graptemys flavimaculata)*: USA (Pascagoula-Flusssystem in Mississippi). Oachita-Höckerschildkröte *(Graptemys ouachitensis)*: USA (Minnesota bis West Virginia, Louisiana und zum mittleren Oklahoma). Echte Landkarten-Höckerschildkröte *(Graptemys geografica)*: Kanada und USA.

Europäische Sumpfschildkröte
(Emys orbicularis)

Carapaxlänge 11 bis 20 cm.
Verbreitung und Lebensweise Europa, Nordafrika, Kleinasien. Vegetationsreiche Gewässer, Gräben, langsam fließende Bäche usw. Stark an Gewässer gebunden. Sonnen sich auf Baumstümpfen oder Steinen, die aus dem Wasser ragen. Anschließend suchen sie nach Nahrung.
Gesetzliche Bestimmungen Gehören zu den geschützten Arten. Man muss über den legalen Erwerb eine Bescheinigung haben und den Landschaftsbehörden die Haltung mitteilen.
Beschreibung Der Rückenpanzer (Carapax) ist relativ flach, schwarz bis schwarzbläulich und mehr oder weniger gelblich gefleckt, gestrichelt oder gepunktet. Der Bauchpanzer ist einfarbig gelblich oder mit unregelmäßigen braunen oder schwarzen verwaschenen Flecken und Tupfen. Später bildet sich ein Scharnier. Weichteile und Kopf schwarz und ebenfalls gelb getupft. Männchen haben eine dickere Schwanzwurzel, Plastron konkav geformt. 14 Unterarten. Am einfachsten zu halten sind mitteleuropäische Unterarten.
Terrarientyp 1 oder 2, vor allem Freiland (7). GF 6 x 3fache Panzerlänge.
Klima: Im Freiland sind diese Schildkröten am besten aufgehoben und erleben dort den normalen klimatischen Jahresrhythmus. Lediglich Jungtiere oder kranke Exemplare sollten in einem Zimmerterrarium gehalten werden, bei tagsüber 25 – 27 °C, lokal 35 °C.
Futter Vorwiegend tierische Kost, auch Rindfleischstückchen.

Europäische
Sumpfschildkröten
bei der Paarung

Vermehrung Weibchen können pro Gelege 3 – 16, maximal sogar 18 Eier legen. Bei 25 – 28 °C schlüpfen männliche, bei 29,5 – 30 °C weibliche Nachkommen.

Ebenso zu halten Spanische Bachschildkröte (*Mauremys leprosa*). Vor allem die Form aus Frankreich und der Iberischen Halbinsel kann man bei uns ebenfalls gut im Freiland halten. Sie müssen jedoch im Winter in ein Zimmerterrarium, da die Kälteperiode im Freiland zu lange dauert. Weibchen können pro Gelege 3 – 10, maximal 13 Eier legen. Bei 26 – 30 °C bebrütet, schlüpfen Jungtiere nach etwa 77 – 97 Tagen. Auch aus dem nördlichen Mittelmeerraum stammende Exemplare der Kaspischen Bachschildkröte (*Mauremys rivulata*, Verbreitung: Kroatien, Bulgarien, Griechenland bis Zypern, W-Tür-

kei, Syrien, Libanon, Israel) können ebenso gehalten werden. Die Weibchen legen 6 – 7 Eier. Bei tagsüber 28 – 30 °C, nachts 25 – 27 °C bebrütet, schlüpfen Jungtiere nach 94 – 102 Tagen.

Schlüpflinge

Rotwangen-Klappschildkröte
(Kinosternon cruentatum)

Oberes Bild:
Rotwangen-Klapp-
schildkröte

Unteres Bild:
Bauchpanzer-
ansicht mit Klapp-
scharnier

Carapaxlänge Bis 15 cm. Männchen werden größer als die Weibchen.
Verbreitung und Lebensweise Mexiko (Pazifikküste vom Isthmus von Tehuantepec bis El Salvador). Lebt bevorzugt in weichgrundigen flachen Gewässern mit Vegetation.

Gesetzliche Bestimmungen Keine Auflagen, frei handelbar.
Beschreibung Der Panzer ist sehr hoch und durch zwei Scharniere am Bauchpanzer voll verschließbar. Die Panzerunterseite ist gelb/orange, oft auch mit einem schwarzen oder braunen Muster versehen. Je nach Herkunft haben auch erwachsene Tiere 3 Kiele auf dem Panzer. Unter dem Kinn befinden sich 6 – 8 Barteln. Typisches Erkennungszeichen ist die rote oder orange Färbung, die auch auf den Gliedmaßen auftreten kann.
Terrarientyp 2. GF 4 x 3fache Panzerlänge. Einzelhaltung empfehlenswert. Wasser nur so hoch, dass die Tiere am Grund entlanggehen und mühelos den Kopf aus dem Wasser strecken können. Ein Aquaterrarium für Weibchen muss einen Landteil als Eiablageplatz aufweisen.
Klima Ganzjährig 25 – 28 °C, im Sommer steigt durch die höhere Zimmertemperatur die Wassertemperatur noch etwas weiter an. Die Beleuchtungsdauer beträgt ganzjährig 12 Stunden.
Futter Fische, Regenwürmer, Schnecken und Wasserinsekten.
Vermehrung Zur Paarungszeit im Spätsommer bis Herbst werden die Geschlechter für einige Tage zusammengesetzt. Bis zu 10 Eier, die sofort in einen Brutapparat zu überführen sind. Bei 25 – 30 °C Schlupf nach 130 – 163 Tagen.
Ebenso zu halten Dreistreifen-Klappschildkröte (*Kinosternon bauri*): 1 – 5 (maximal 8) Eier; bei 27 – 30 °C und hoher LF Schlupf nach etwa 130 Tagen. Weißmaul-Klappschildkröte (*Kinosternon leucostomum*): Mittel- bis Südamerika, 10 – 12 cm.

Dach-Moschusschildkröte
(Sternotherus carinatus)

Carapaxlänge 13 bis 18 cm.
Verbreitung und Lebensweise USA (vom östlichen Oklahoma und Texas bis Ost-Mississippi). Leben vor allem in dicht bewachsenen Uferbereichen von Bächen und ruhigen Flüssen, aber auch in Überschwemmungsbereichen mit weichem Untergrund und stellenweise dichter Vegetation. Allesfresser.
Gesetzliche Bestimmungen Keine Auflagen, frei handelbar.
Beschreibung Der Rückenpanzer ist hornfarben, bräunlich oder oliv gefärbt. Er besitzt einen dachfirstartigen Längskiel. Weibchen sind oft heller gefärbt und ohne Zeichnung. Zwischen Brust- und Bauchschild befindet sich ein schwach bewegliches, bindegewebsartiges Quergelenk. Die Nase ist recht lang und am Kinn befinden sich 3 bis 4 mm lange Barteln.
Terrarientyp 2. GF 4 x 3fache Panzerlänge. Einzelhaltung empfehlenswert. Wasser nur so hoch, dass die Tiere am Grund entlanggehen und dabei den Kopf aus dem Wasser strecken können. Das Aquaterrarium für Weibchen muss einen Landteil als Eiablageplatz aufweisen.
Klima Wasser 25 °C; Luft 25 – 27 °C, lokal 30 °C.
Futter Allesfresser, die aber vorwiegend tierische Kost verzehren.
Vermehrung Nur zur Paarung kontrolliert zusammensetzen. Die Weibchen vergraben pro Gelege 2 – 4, maximal 5 Eier. Bebrütet man sie bei 27 – 30 °C und hoher LF, schlüpfen nach etwa 95 Tagen die Jungtiere. Bei 27 °C entstehen männliche Jungtiere. Man sollte sie lieber einzeln halten und aufziehen, da man dann besser die Nahrungsaufnahme kontrollieren kann. Außerdem vermeidet man Stress.
Ebenso zu halten Zwerg-Moschusschildkröte (*Sternotherus minor*) und Gewöhnliche Moschusschildkröte (*Sternotherus odoratus*); beide haben ähnliche Gelege und Brutdauer.

Oberes Bild:
Zwerg-Moschusschildkröte

Unteres Bild:
Dach-Moschusschildkröte

Glattrand-Gelenkschildkröte
(Kinixys belliana)

Carapaxlänge Bis 22 cm.
Verbreitung und Lebensweise *K. b. belliana*: vom NO der Demokratischen Republik Kongo über Äthiopien und Somalia bis Uganda und W-Kenia; *K. b. nogueyi*: Westafrika (vom Senegal bis Kamerun und zur Zentralafrikanischen Republik); *K. b. zombensis*: Südostafrika (vom Nordosten Kenias südwärts bis NO-Südafrika), auf Madagaskar angesiedelt. Feuchte Savannen, Wälder, Dickichte. Tagsüber meist verborgen. Die Tiere gehen am frühen Morgen und abends auf Nahrungssuche. Können selbst größere Gewässer gezielt durchschwimmen. Verzehren verschiedene Pflanzenteile, Früchte und Pilze, besonders gerne auch tierische Kost, wie Tausendfüßler, kleine Schnecken, Aas und selbst Knochenstückchen. Bei Regen erscheinen die Schildkröten plötzlich und trinken dann ausgiebig aus Pfützen. Mit der Regenzeit beginnt auch die Fortpflanzungszeit.
Gesetzliche Bestimmungen Gehören zu den geschützten Arten. Man muss über den legalen Erwerb eine Bescheinigung haben und den Landschaftsbehörden die Haltung mitteilen.

Glattrand-Gelenkschildkröten-Paar

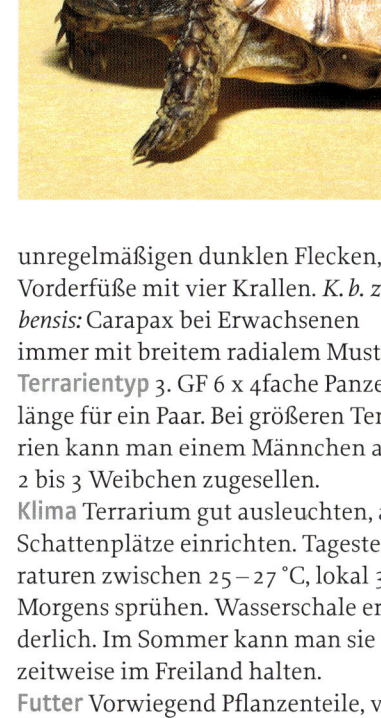

Beschreibung Ihr Rückenpanzer ist strohfarben, grünlich, gelblich oder rötlich-braun. Am Rand befinden sich häufig hellere Ringe oder eine schwarze Fleckenzeichnung. Im hinteren Teil, zwischen dem 7. und 8. Randschild, haben sie ein Gelenk. Der hintere Teil des Plastrons fällt von der Mitte des 5. Wirbelschildes an ab. Der Bauchpanzer ist fast durchgehend hornfarben mit einzelnen, symmetrisch angeordneten dunkelbraunen Flecken. Jungtiere besitzen noch keine Anzeichen eines Gelenkes, lediglich im hinteren Teil geringfügige Verschiebung der Rand- und Rippenschilder. Jungtiere sind auch noch einfarbig oder besitzen dunkelbraune Strahlenkränze mit gelbem Rand. Das Plastron ist unregelmäßig gezeichnet, entlang der Mittelnaht findet man einen einfarbigen Streifen. Männchen erkennt man am dickeren, längeren Schwanz und dem konkav geformten Plastron. *K. b. belliana*: Vorderfüße mit fünf Krallen, Erwachsene mit variablem Carapaxmuster oder einfarbig. *K. b. nogueyi*: Bauchpanzer ohne Zeichnung oder mit unregelmäßigen dunklen Flecken, Vorderfüße mit vier Krallen. *K. b. zombensis:* Carapax bei Erwachsenen immer mit breitem radialem Muster.

Terrarientyp 3. GF 6 x 4fache Panzerlänge für ein Paar. Bei größeren Terrarien kann man einem Männchen auch 2 bis 3 Weibchen zugesellen.

Klima Terrarium gut ausleuchten, aber Schattenplätze einrichten. Tagestemperaturen zwischen 25 – 27 °C, lokal 35 °C. Morgens sprühen. Wasserschale erforderlich. Im Sommer kann man sie auch zeitweise im Freiland halten.

Futter Vorwiegend Pflanzenteile, verzehren jedoch auch gerne tierische Kost, wie Mehlkäferlarven, Regenwürmer und Gehacktes. Unter letzteres kann man auch gut Mineralien und Vitaminpräparate mischen.

Vermehrung Hält man die Tiere für einige Wochen getrennt und setzt sie dann wieder zusammen, kommt es bald darauf oft zu Paarungen. In dieser Zeit häufiger sprühen! Weibchen legen gewöhnlich 2 – 4 Eier pro Gelege. Bei Temperaturen von 28 – 31 °C schlüpfen Jungtiere nach etwa 90 – 120 Tagen.

Linkes Bild:
Schlüpfende
Glattrand-Gelenk-
schildkröte

Rechtes Bild:
Jungtier

Köhlerschildkröte
(Brasilien)

Köhlerschildkröte
(Chelonoidis carbonaria)

Carapaxlänge 42 bis 50 cm.
Verbreitung und Lebensweise SO-
Panama, Kolumbien, Venezuela,
Guyana, Französisch Guyana, Surinam,
O-Brasilien, Peru, O-Bolivien, Paraguay,
N-Argentinien, Trinidad, Virgin-Island.
Köhlerschildkröten leben vor allem im
trockenen Flachland in Bereichen mit
Grasbewuchs und Waldrändern. Hohe
Luftfeuchtigkeit. Ausgeprägte Trocken-
und Regenzeiten.
Gesetzliche Bestimmungen Gehören
zu den geschützten Arten. Man muss
über den legalen Erwerb eine Beschei-
nigung haben und den Landschafts-
behörden die Haltung mitteilen.

Beschreibung Je nach Population recht
variabel gefärbt und gezeichnet. Der
längliche Carapax ist dunkelbräunlich,
schwarz bis bläulich. Große Exemplare
haben seitliche Flankeneinbuchtun-
gen. Immer deutliche Wachstumsringe.
Auf den Schilden kleine gelbliche
Flächen. Große, ungeteilte Schuppen
auf dem Kopf, mit kräftigen rötlichen
Postorbitalstreifen. Männchen haben
einen längeren Schwanz.
Terrarientyp 3. Am besten raumgroße
Terrarien, aber mindestens 6 x 4fache
Panzerlänge als GF für ein großes Paar.
Wasserbecken erforderlich.
Klima Tagsüber 25 – 28 °C, lokal 35 °C.
Sehr hohe Luftfeuchtigkeit, daher
mehrmals sprühen!
Futter Vorwiegend pflanzliche Kost.
Vermehrung Weibchen können pro
Gelege 3 – 6 Eier, maximal 15 legen. Bei
28 – 29 °C und sehr hoher LF, aber tro-
ckenem Substrat schlüpfen Jungtiere
nach etwa 100 Tagen.
Ebenso zu halten Waldschildkröte
(Chelonoidis denticulata): 8 – 9, max. 12
Eier; bei 31,5 °C und hoher LF Schlupf
nach 90 – 100 Tagen.

Schlüpfling

Indische Sternschildkröte
(Geochelone elegans)

Carapaxlänge Bis 35 cm.
Verbreitung und Lebensweise Pakistan, Indien, Sri Lanka. Kann in sehr unterschiedlichen Habitaten leben, wie Buschwälder, verwilderte Parks, aber auch in Sanddünen. Die Kulturfolger leben in Indien auch in Plantagen.
Gesetzliche Bestimmungen Geschützte Art. Man muss über den legalen Erwerb eine Bescheinigung haben und den Landschaftsbehörden die Haltung mitteilen.
Beschreibung Länglicher, stark gewölbter Rückenpanzer, Wirbel- und Rippenschilde auffallend kegelförmig. Der dunkle Rückenpanzer ist mit bis zu acht gelben Streifen pro Schild ausgestattet, die ein sternförmiges Muster bilden.
Terrarientyp 3. GF 6 x 4fache Panzerlänge pro Paar. Gruppenhaltung zu empfehlen: 1 Männchen und 2 – 3 Weibchen. Flache Wasserschale zum trinken und baden.
Klima Tagsüber 25 – 28 °C, lokal 35 °C. Sehr hohe Luftfeuchtigkeit, daher mehrmals sprühen!

Futter Vorwiegend pflanzliche Kost.
Vermehrung Anfangs legen die Weibchen meist 5 – 9, maximal 10 Eier, später nur noch 1 – 4. Bei Temperaturen von 26 – 30 °C und hoher LF schlüpfen Jungtiere nach etwa 109 – 147 Tagen. Bebrütet man die Eier anfangs bei 33 – 34 °C, nach 80 Tagen bei 28 °C, schlüpfen die Jungtiere nach etwa 86 – 123 Tagen. Sie müssen unbedingt abwechslungsreich gefüttert werden und sollten anfänglich mit dem Kot der Eltern ihre eigene Darmflora aufbauen können.

Indische Sternschildkröte (Schlüpfling)

Indische Sternschildkröte

Spaltenschildkröte
bei der Eiablage

Spaltenschildkröte
(Malacochersus tornieri)

Carapaxlänge 15 bis 20 cm.

Verbreitung und Lebensweise Kenia und Tansania; isolierte Felsenhügel in der ostafrikanischen Dornbuschsavanne (50–1800 m ü. NN.). Leben in der Nähe von Felsspalten, da ihr Panzer ihnen kaum Schutz bietet. Können bei Gefahr sehr schnell laufen.

Gesetzliche Bestimmungen Geschützte Art. Man muss über den legalen Erwerb eine Bescheinigung haben und den Landschaftsbehörden die Haltung mitteilen.

Beschreibung Der weiche Panzer ist sehr flach und relativ dünn. Daher kann die Art nicht mit anderen verwechselt werden. Carapax und Plastron bräunlich, hin und wieder ist ein Sternmuster zu erkennen, das bei Jungtieren noch deutlicher zu sehen ist. Männchen haben einen dickeren Schwanz.

Terrarientyp 3. GF 6 x 4fache Panzerlänge für 1 Paar. Rundkörniger Sand als Bodengrund, etwa 15–20 cm hoch.

Steinaufbauten müssen viele Spalten und Fugen bilden (Versteckmöglichkeiten). Gruppenhaltung (1 Männchen und 2–4 Weibchen). Wasserschale!

Klima Tagsüber 25–28 °C, lokal 35 °C. Morgens sprühen!

Futter Vorwiegend pflanzliche Kost, ab und zu auch Mehlkäferlarven usw.

Vermehrung Weibchen legen gewöhnlich immer nur ein Ei, sehr selten auch zwei. Im Jahr sind bis zu sechs Gelege möglich. Bei Temperaturen von 26,5–28 °C und hoher LF schlüpfen Jungtiere nach ungefähr 192–340 Tagen. Bei 27–30 °C schlüpfen Jungtiere nach 99–188 Tagen. Durch Erhöhung der LF kann der Schlupf ausgelöst werden. Kot der Eltern wird für den Aufbau einer eigenen Darmflora gefressen.

Schlüpfende
Spaltenschildkröte

Trinkende Sporn-
schildkröte

Spornschildkröte
(Centrochelys solcata)

Carapaxlänge Bis 80 cm.
Verbreitung und Lebensweise Zentralafrika von Mauretanien und Senegal
bis Äthiopien. Leben vorwiegend in
Grasland mit Akazienbestand, aber
auch in Buschland mit Halbwüsten-
charakter. Büsche bieten Schatten und
Versteckmöglichkeiten.
Gesetzliche Bestimmungen Geschützte
Art. Man muss über den legalen Erwerb
eine Bescheinigung haben und den
Landschaftsbehörden die Haltung mitteilen.
Beschreibung Die Schildkröten haben
stark gesägte vordere und hintere Randschilder, die zudem nach oben gebogen
sind. Auch sind Wachstumsringe gut
erkennbar. Nachzuchten oft etwas
höckeriger. Zweizinkiges Kehlschild
vor allem bei Männchen sehr ausgeprägt. Panzer gelb bis gelbbraun, Unterseite gelblich. Oberschenkel mit je zwei
großen Spornen. Jungtiere hellgelblich,
Carapaxschilde braun gerandet.

Terrarientyp 6. GF 8 x 4fache Panzerlänge für 1 Paar. Gruppenhaltung:
1 Männchen und 2 – 3 Weibchen. Im
Sommer Freilandhaltung möglich,
aber Schutz vor Niederschlägen nötig.
Wasserschale zum Trinken und Baden.
Klima Tagsüber 25 – 28 °C, lokal 35 °C.
Morgens sprühen!
Futter Vorwiegend pflanzliche Kost,
ab und zu auch Mehlkäferlarven usw.
Vermehrung Die Weibchen können
1 – 17, maximal sogar bis 25 Eier pro
Saison legen. Bebrütet bei Temperaturen von 27 – 32 °C und 60 – 90 % LF,
schlüpfen Jungtiere nach etwa 70 –
210 Tagen, gewöhnlich jedoch im Zeitraum von 100 – 200 Tagen). Sie können
während ihrer Entwicklung eine Diapause einlegen.

Spornschildkröten-
Paar

Griechische Land-
schildschildkröte

Griechische Landschildkröte
(Testudo hermanni)

Carapaxlänge Je nach Unterart 20 bis
36 cm.
Verbreitung und Lebensweise *Testudo
hermanni hermanni*: S-Frankreich
(einschließlich Korsika), Italien (einschließlich Sizilien und Sardinien),
O-Spanien, Balearen (eingeführt);
Testudo hermanni boettgeri: Türkei (europ.
Teil), Bulgarien, Rumänien bis Griechen-

Italienische
Landschildkröte

land, Mazedonien, Albanien, Serbien,
Kosovo, Montenegro und Kroatien.
Die Tiere können die verschiedensten
Lebensräume besiedeln, vor allem im
Küstenbereich. Wichtig sind genügend
Deckung und Schattenplätze sowie
Vegetation als Nahrungsgrundlage.
Man findet die Tiere in Buschlandschaf-
ten ebenso wie auf Kulturflächen. Nach
der Winterruhe verfolgen die Männchen fast ständig die Weibchen, mit
denen sie dann auch häufig kopulieren.
Im Sommer nehmen die Fortpflan-
zungsaktivitäten ab, werden im Herbst
noch einmal verstärkt.
Gesetzliche Bestimmungen Geschützte
Arten. Man muss über den legalen
Erwerb eine Bescheinigung haben und
den Landschaftsbehörden die Haltung
mitteilen. Zum EU-Zertifikat gehört
auch eine Fotodokumentation!
Beschreibung Carapax elliptisch geformt, erinnern sehr stark an Maurische Landschildkröten (*Testudo graeca*),
aber das Schwanzschild ist gewöhnlich
geteilt, Schwanzspitze endet mit End-

nagel. Carapax gelblichorange, bräunlich oder grünlich, mit unterschiedlichen dunkleren Pigmentschichten. Carapaxschilder häufig mit dunklem Vorderrand. An jedem Fuß fünf Krallen. Schuppen an den Vorderbeinen nicht sonderlich kräftig. Oberschenkelsporne fehlen. Männchen bleiben kleiner als Weibchen, haben längeren, dickeren Schwanz und konkav geformtes Plastron. Randschilder über den Hinterbeinen größer und gewölbt. *Testudo hermanni hermanni*: die dunklen Flecken auf dem Plastron bilden längs der Mitte zwei breite schwarze Bänder; Mittelnaht der Brustschilder kürzer als die der Schenkelschilder. *Testudo hermanni boettgeri*: Plastron ungefleckt oder gefleckt; Mittelnaht der Brustschilder ist gleich lang oder länger als die der Schenkelschilder.

Terrarientyp Können von April bis Ende Oktober in einer Freilandanlage leben, wenn daran ein Gewächshaus anschließt, sonst unbedingt Schutzhütte bzw. überdachter Unterschlupf (Frühbeet). Überwinterung zwingend notwendig. Es ist sinnvoll, die Ge-

schlechter getrennt zu halten und nur im Frühjahr bzw. im Herbst zusammenzusetzen, da die Männchen sonst zu oft die Weibchen stören.

Klima Können durch Wechsel von der Schutzhütte (Übernachtung) in die Sonne tagsüber jederzeit ihre Vorzugstemperatur aufsuchen. Gewächshaus bietet Schutz an niederschlagsreichen Tagen. Jungtiere sollten ebenfalls schon früh in eine Freilandanlage, die nicht sonderlich groß sein muss.

Futter Vorwiegend vegetarisch.

Vermehrung Weibchen können innerhalb einer Saison zweimal Eier ablegen. Pro Gelege meist 3 – 6 Eier, *T. hermanni hermanni* meist nur 3 – 4. Bei Temperaturen von 28 – 31 °C schlüpfen Jungtiere gewöhnlich nach 54 – 79 Tagen, im Durchschnitt nach etwa 60 Tagen.

Ebenso zu halten Maurische Landschildkröte (*Testudo graeca*), aber nur mitteleuropäische Exemplare! Afrikanische und asiatische Unterarten der Maurischen Landschildkröte sind zu empfindlich und dürfen nicht so überwintert werden. Breitrandschildkröte (*Testudo marginata*), bis 37 cm.

Linkes Bild:
Schlüpfende
Griechische Landschildkröten

Rechtes Bild:
Links Männchen,
rechts Weibchen

Bild oben:
Kornnatter

Bild unten:
Jungtiere

Schlüpfende
Kornnattern

Kornnatter
(Elaphe guttata)

Gesamtlänge 80 bis 120 cm.
Verbreitung und Lebensweise Südosten und Süden der USA und NO-Mexiko. Die Kornnatter ist eine sehr anpassungsfähige Schlange, die eher dämmerungs- und nachtaktiv lebt. Sie lebt in Wäldern, Prärien, Halbwüsten. Als Kulturfolgerin ist die Kornnatter häufig an Kornfeldern und in verkrauteten Plantagen zu finden.

Gesetzliche Bestimmungen Keine. Die Schlangen können frei gehandelt werden.

Beschreibung Orange bis hellbraune oder graue Grundfarbe mit großen Sattel- oder Seitenflecken. Die Unterseite ist hell mit schwarzen Flecken.

Terrarium 4. Grundfläche 120 x 60 cm, 120 cm hoch.

Klima LT 25 – 28 °C, lokal bis 35 °C.

Futter Mäuse, Eintagsküken. Alle ein bis zwei Wochen gibt man ein oder zwei Mäuse. Jungtiere werden mit Babymäusen gefüttert. Die Tiere können auch an tote Mäuse gewöhnt werden.

Zucht Man überwintert die Nattern für 2 – 3 Monate bei 8 bis 15 °C. Anschließend beginnt die Paarungszeit. Die Weibchen legen 10 – 14, im Extremfall über 30 Eier. Bei Temperaturen von 25 – 29 °C schlüpfen die Jungtiere nach 55 – 85 Tagen. Manchmal müssen die Jungtiere am Anfang zwangsgefüttert werden. Hierzu hält man ihren Kopf vorsichtig zwischen Zeigefinger und Daumen und tupft mit dem anderen Zeigefinger gegen das Maul, bis das Tier es öffnet.

Gebänderte Wassernatter
(Nerodia fasciata)

Gesamtlänge 60 – 120 cm, selten bis 140 cm.
Verbreitung und Lebensweise USA (Nordcarolina, Südcarolina, Georgia, Florida, Alabama, Mississippi, Arkansas, Louisiana, Texas, Oklahoma, Missouri, Kentucky, Illinois und Indiana).
Die Gebänderte Wassernatter lebt stets an Gewässern.

Terrarium 2. GF 100 x 50 cm. Rindenstücke als Versteckmöglichkeit.
Klima LT 20 – 28°C, lokal 35 °C.
Futter Regenwürmer, Fische, Amphibien, Fischstückchen, kleine Mäuse.
Vermehrung Überwinterung bei 8 – 12 °C für 10 – 12 Wochen. Südliche Exemplare 4 – 6 Wochen bei ausgeschalteter Beleuchtung und etwas herabgesetzter Temperatur. Die Gebänderten Wassernattern sind lebendgebärend; ein Wurf kann bis zu 57 Jungtiere umfassen.

Gebänderte
Wassernatter

Gesetzliche Bestimmungen Keine. Die Tiere können frei gehandelt werden.
Beschreibung Die Körperschuppen sind stark gekielt. Sehr variabel gefärbt. Körper entweder grau, graubraun, dunkelbraun, schwarzbraun, rotbraun bis kupferfarben mit breiten, gelbbraunen, schwarzbraunen oder rotbraunen Querbändern, die hell gerandet sein können. Vom Auge zum Mundwinkel verläuft ein dunkles Band.

Königspython

Königspython
(Python regius)

Gesamtlänge Meist 90 bis 120 cm, selten bis 150 cm.
Verbreitung und Lebensweise West- und Zentralafrika, vom Senegal bis Uganda. Lebt vor allem in Savannen, Trockenwäldern und am Rand der Regenwaldzonen, oft auch in Gewässernähe. Bei Gefahr rollt sie sich zu einem Ball zusammen. Sonnt sich tagsüber, ist aber eher dämmerungs- und nachtaktiv. Daher gehören vor allem nachtaktive Kleinsäuger zu ihrer Beute.
Gesetzliche Bestimmungen Geschützte Art. Man muss eine entsprechende Bescheinigung haben und die Übernahme den Behörden melden.
Königspython beim Verschlingen einer Maus
Beschreibung Der kegelförmige Kopf setzt sich deutlich vom Hals ab. Kräftiger Körper, Schwanz auffallend kurz. Grundfarbe schokoladenbraun mit großen grauweißen bis gelben unregelmäßigen Flecken. Flecken können einfarbig sein oder im Kern braune Tupfen haben. Kopfoberseite dunkelbraun. Von der Nasenspitze bis zur Schläfenregion zieht ein gelblicher Streifen. Diverse Zuchtfärbungen.

Terrarium 4. GF 100 x 60 cm genügen oft. Kräftige Kletteräste, Wassernapf. Auf keinen Fall Wildfänge erwerben, da sie häufig mit Parasiten besetzt sind.
Klima LT 26 – 30 °C, lokal 35 °C; LF ca. 60 %, nachts etwa 2 – 5 °C niedrigere Temperaturen. Im Herbst und Frühjahr höher.
Futter Kleinsäuger, vor allem Mäuse.
Vermehrung Simulation von Trocken- und Regenzeiten. Weibchen legen meist nur alle zwei Jahre 4 – 8 Eier. Bei 29 – 32 °C schlüpfen Jungtiere nach 55 – 71, manchmal auch erst nach 105 Tagen. Die Weibchen betreiben Brutpflege und bewachen ihre Nachkommen einige Zeit. Aufzucht mit kleinen Mäusen leicht.

Strumpfband-
nattern

Strumpfbandnatter
(Thamnophis sirtalis)

Gesamtlänge Bis 130 cm.
Verbreitung und Lebensweise Süd-
Kanada, USA, Nord-Mexiko. Tagaktiv
und gewöhnlich immer in Gewässernähe. Bevorzug feuchte, sumpfige
Gebiete. Lebt aber auch auf Feldern,
Wiesen und in Wäldern. Ernährt sich
von Regenwürmern, Schnecken,
Fischen und Amphibien. Jungtiere
fressen auch Insekten.
Gesetzliche Bestimmungen Keine.
Beschreibung Es sind zahlreiche Unter-
arten bekannt. Ihre Grundfarbe kann
schwarz, braun, grünlich aber auch
gelblich sein. Typisch sind der Rückenstreifen und die beiden Seitenstreifen.
Strumpfbandnattern haben runde
Pupillen. Männchen bleiben deutlich
kleiner als Weibchen.
Terrarium 2. GF 100 x 50 cm. Je nach
Größe Wasserteil oder größere Wasserschale erforderlich. Hohl liegende
Rindenstücke bieten Versteckmöglichkeiten. Vor allem Strumpfbandnattern
sind besonders gut für Terraristik-
Anfänger geeignet. Sie können handzahm werden.

Klima 20 – 30 °C, lokal 35 °C. Morgens
sprühen. Ein Wasserbecken ist unverzichtbar!
Futter Fische, Rindfleischstreifen und
Hackfleischbällchen. Sehr gerne Regenwürmer, jedoch keinesfalls Kompost-
würmer (Vergiftung möglich!).
Vermehrung Man muss die Schlangen
für etwa 2 – 3 Monate bei 5 – 15 °C
überwintern. Anschließend folgt die
Paarungszeit. Trächtigkeitsdauer ca.
3 Monate. Weibchen können pro Wurf
12 – 40 Jungtiere gebären. Die Jung-
schlangen sind in Aufzucht-Terrarien zu
überführen und müssen Regenwürmer
und kleine Hackfleischbällchen angeboten bekommen. Auch kleine Fische werden im Wasserbecken gerne erbeutet.

Schwarze Strumpf-
bandnatter

Service

Glossar

Arthoropoden Gliederfüßer (Insekten, Tausendfüßer, Krebstiere, Spinnentiere)

Carapax Rückenpanzer (bei Schildkröten und anderen Tiergruppen)

Diapause Keimruhe; die befruchtete Eizelle beginnt erst nach einer Ruhephase die normale embryonale Entwicklung

Inkubation Bebrüten der Eier, bis Jungtiere schlüpfen

Melanismus Übermäßige Pigmentierung, die zu einer Schwarzfärbung des Tieres führt

Neotenie Tiere, z.B. Schwanzlurche, werden im Larvenzustand geschlechtsreif, ohne Metamorphose

Ozellenzeichnung Pünktchen, die wie Augen aussehen

Plastron Bauchpanzer der Schildkröte

Postorbitalstreifen Streifen hinter dem Auge

Präanofemoralporen vergrößere Schuppensäume

Quellen

Arbeitsgemeinschaft Anuren: Allgemeine Haltungsrichtlinien für Anuren. 2001.

Arbeitsgemeinschaft Urodela: Allgemeine Haltungsrichtlinien für Molche und Salamander.

Bundesministerium für Ernährung, Landwirtschaft und Forsten, Ref. Tierschutz: Gutachten über Mindestanforderungen an die Haltung von Reptilien. 1997.

Hauschild, A. & P. Gaßner: Skinke im Terrarium. Landbuch, Hannover 1995.

Henkel, F. W. & S. Heinecke: Chamäleons im Terrarium. Landbuch, Hannover 1993.

Henkel, F. W. & W. Schmidt: Agamen im Terrarium. Landbuch, Hannover 1997.

Müller, M. J.: Handbuch ausgewählter Klimastationen der Erde. Univ. Trier. 1996.

Rogner, Manfred: Die Chinesische Rotbauchunke. Natur und Tier-Verlag, Münster 2004.

Rogner, Manfred: Die Mali-Dornschwanzagame, *Uromastyx dispar maliensis*. DRACO Nr. 31 (2007:) 30–41.

Rogner, Manfred: Echsen. Verbreitung, Pflege, Zucht. Ulmer, Stuttgart 2005.

Grüner Leguan

Rogner, Manfred: Europäische Sumpf-schildkröte Emys orbicularis. Schild-krötenbibliothek 4, Edition Chimaira, Frankfurt 2009.

Rogner, Manfred: Frösche. Kosmos, Stuttgart 2001.

Rogner, Manfred: Griechische Land-schildkröte. Natur und Tier-Verlag, Münster 2007.

Rogner, Manfred: Landschildkröten. Kosmos, Stuttgart 2001.

Rogner, Manfred: Meine Schmuck-schildkröten. Kosmos, Stuttgart 2004.

Rogner, Manfred: Schildkröten. Ulmer, Stuttgart 2008.

Rogner, Manfred: Taschenatlas Schild-kröten. Ulmer, Stuttgart 2009.

Rogner, Manfred: Wasserschildkröten. Kosmos, Stuttgart 2003.

Rösler, Herbert: Geckos der Welt. Urania, Freiburg 1995.

Zum Weiterlesen

Belker, Nils: **Kosmos Buch Vogel-spinnen.** Kosmos, Stuttgart 2010.

Janitzki, Ariane: **250 Terrarientiere.** Kosmos, Stuttgart 2008.

Kölle, Petra: **Reptilienkrankheiten.** Kosmos, Stuttgart 2002.

Kölle, Petra: **Schlangen.** Kosmos, Stuttgart 2004.

Kothe, Hans W.: **Vogelspinnen.** Kosmos, Stuttgart 2003.

Kwet, Axel: **Reptilien und Amphibien Europas.** Kosmos, Stuttgart 2010.

Nützliche Adressen

Deutsche Gesellschaft für Herpetologie und Terrarienkunde e.V. (DGHT)
Postfach 14 21
D - 53351 Rheinbach
Tel.: 02225-7033-33
www.dght.de

Register

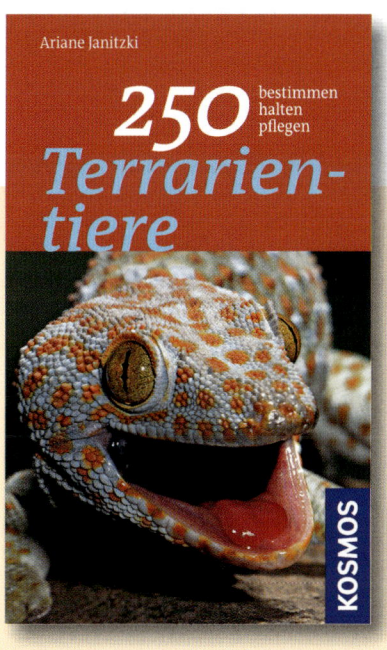

Bildnachweis

Mit 234 Aufnahmen von Burkard Kahl (29, Seite 1, 2 beide, 3 beide, 4/5, 6, 17, 23, 25 oben, 30/31, 72/73, 75 oben, 78, 79 oben, 81 beide, 82 oben, 85 oben, 90 oben, 95 unten, 97 oben, 107, 111, 120, 129 oben, 138, 153 unten, 155), Dr. Rudolf König (46, Seite 10 oben, 12 alle 3, 15 unten, 19 oben, 21 unten beide, 25 unten, 32, 33, 36, 41 unten, 43 unten, 47, 48, 49 oben, 63, 65, 84 oben, 87 links, 90 unten, 93, 96, 99, 100 unten, 103 unten, 104, 109 unten, 112 beide, 115 unten, 116 beide, 121 beide, 122 unten, 126 Mitte und unten, 132 oben, 134 unten, 135 unten, 136, 137, 150 alle 3) und Manfred Rogner (alle übrigen 159 Aufnahmen).

Impressum

Umschlaggestaltung von eStudio Calamar unter Verwendung von Farbfotos von Boris Baumann/www.halsbandleguan.com (Vorderseite) und Burkard Kahl (Rückseite). Die Bilder zeigen auf der Umschlagvorderseite einen Bunten Halsbandleguan *(Crotophytus collaris)*, auf der Rückseite von links eine Königspython *(Python regius)*, ein Erdbeerfröschchen *(Oophagas pumilio)* sowie Blaue Stachelleguane *(Sceloporus cyanogenys)*.

Seite 1: Grüne Wasseragame *(Physignatus cocincinus)*, Seite 2 oben und 4/5: Feuersalamander *(Salamandra salamandra)*, Seite 2 unten und 30/31: Stachelschwanzwaran *(Varanus acanthurus)*, Seite 3 oben und 72/73: Leopardgecko *(Eublepharis macularius)*, Seite 4 unten: Königspython *(Python regius)*

Mit 234 Farbfotos.

Alle Angaben in diesem Buch erfolgen nach bestem Wissen und Gewissen. Sorgfalt bei der Umsetzung ist indes dennoch geboten. Autor und Verlag übernehmen keinerlei Haftung für Personen-, Sach- oder Vermögensschäden, die aus der Anwendung der vorgestellten Materialien und Methoden entstehen könnten.

Unser gesamtes lieferbares Programm und viele weitere Informationen zu unseren Büchern, Spielen, Experimentierkästen, DVDs, Autoren und Aktivitäten finden Sie unter **www.kosmos.de**

Gedruckt auf chlorfrei gebleichtem Papier

© 2011, Franckh-Kosmos Verlags-GmbH & Co. KG, Stuttgart.
Alle Rechte vorbehalten
ISBN 978-3-440-10837-6
Redaktion: Angela Beck
Gestaltungskonzept: eStudio Calamar
Gestaltung und Satz: Atelier Krohmer, Dettingen/Erms
Produktion: Eva Schmidt
Printed in The Czech Republic / Imprimé en République Tchèque

FSC
www.fsc.org
MIX
Papier aus verantwortungsvollen Quellen
FSC® C005833